"最美中国"丛书(第二版)

# 最美的发明

季 海 著

合肥工業大學出版社

**图书在版编目(CIP)数据**

最美的发明/季海著．—2版．—合肥：合肥工业大学出版社，2017.12
(最美中国丛书)
ISBN 978-7-5650-3755-9

Ⅰ．①最… Ⅱ．①季… Ⅲ．①创造发明—介绍—中国—古代
Ⅳ．①N092

中国版本图书馆CIP数据核字(2017)第325250号

**最美的发明**

季 海 著　　　　责任编辑 朱移山 张 慧

| | | | |
|---|---|---|---|
| 出 版 | 合肥工业大学出版社 | 版 次 | 2013年4月第1版 |
| 地 址 | 合肥市屯溪路193号 | | 2017年12月第2版 |
| 邮 编 | 230009 | 印 次 | 2017年12月第4次印刷 |
| 电 话 | 总 编 室:0551-62903038 | 开 本 | 710毫米×1000毫米 1/16 |
| | 市场营销部:0551-62903198 | 印 张 | 13 字 数 200千字 |
| 网 址 | www.hfutpress.com.cn | 印 刷 | 安徽昶颉包装印务有限责任公司 |
| E-mail | hfutpress@163.com | 发 行 | 全国新华书店 |

ISBN 978-7-5650-3755-9　　　　定价：32.00元

如果有影响阅读的印装质量问题，请与出版社市场营销部联系调换。

# 序

赵 焰

一直以为，中国传统文化的精髓，从时间上说，是在明朝之前的。明朝之前，占据社会主流的，是清明理性的孔孟之道。崇尚自然、游离社会的道学，作为主流思想的补充，与儒学一起“相辅相成”“一阴一阳”，使得社会主流思想具有强大活力。从总体上来说，中国文化的源头，无论是周公、老子、孔子，还是后来的诸子百家，比如说孟子、荀子、庄子、韩非子、墨子等等，都对人生保持清醒、冷静的理性态度，保持孔子学说实践理性的基本精神，即对待人生、社会的积极进取精神；服从理性的清醒态度；重实用轻思辨、重人事轻鬼神的思维模式；善于协调，讲究秩序，在人伦日用中保持满足和平衡的生活习惯……中国文化的源头如此，决定了汉民族的心理结构和精神走向，包括汉民族理想追求、文化风格以及审美倾向。

中国文化在明朝之前，占据社会主流的，是高蹈的士大夫精神。最显著的表现在于：遵从天地人伦之间的道德，有高远的理想，讲究人格的修炼，反对人生世俗化，鄙视犬儒的人格特征。比如说孔子，从他的言语来看，更像是倡导一种人生价值观，追求人生的美学意义。又比如说庄子，他的学说，不像是哲学，更像是一种生活美学：道是无情却有情，看似说了很多超脱、冷酷的话，实际上透露出对于生命、本真的眷恋和爱护，要求对整体人生采取审美观照态度，不计功利是非，忘乎物我、主客、人己，以达到安详和宁静，让自我与整个宇宙合为一体。这种贯穿着士大夫精神的人生价值观，让人忘怀得失摆脱利害，超越种种庸俗无聊的现实计较和生活束缚，或高举远蹈，或怡然自适，或回归自然，在前进和后退中获得生活的力量和生命的意趣。这就是中国历代士大夫知识分子一以贯之的艺术清洁精神。英国大哲学家罗素曾经说：“在艺术上，他们（中国人）追求精美；在生活上，他们追求情理。”这是说到关键了。

中国人的生活哲学就是如此，一方面高旷而幽远，另一方面也连着“地气”，是自发的浪漫主义和自发的经典主义的结合。道家是中国人思想的浪漫派，儒家是思想的经典派。当东汉年间佛教传入之后，这种以出世和解脱为目的的宗教体系遭到了儒学和道教的抵抗，从而消解了印度佛教中很多寡凉的成分。经过“中庸之道”的过滤，其中极端的成分得到了淡化，避免了理论或实践上的过火行为。也因此，一种中国特色的佛教观产生了，佛教在中国更多变身为“生活禅”，变成一种热爱生活创造人生的方式。中国人一方面避免了极端的“出世”之路，另一方面，由于心灵的滋养、美智的开发，使得东汉魏晋，包括后来的南北朝、隋唐、五代十国以及唐宋元产生了很多高妙的艺术，“艺术人生”的观念也随之如植物一样葳蕤生长。可以说，这些朝代，是中国最具审美价值、最开人们心智、也最出艺术珍品的年代。也因此，很多艺术种类都在这个阶段达到了高峰，比如说唐诗、宋词、元曲、书法、绘画、音乐、舞蹈等等，它们洋溢着一种高蹈的精神追求，境界高远，洁净空旷，如清风明月，如古松苍翠。从审美上看，由于存有或明或暗的观照，存有人格与事物的交融，主题得到了提升，感悟与生命同在，境界与天地相齐，一种深远的“禅意”油然而生……从总体境界上来看，这一阶段的各类艺术形式，达到了各自的高峰。它们是最能代表中国文化精髓的。

中国的艺术精神到了明清之后，有低矮化的倾向。明清以后，由于社会形态的变化，专制制度进一步严酷；加上统治者出身和教育的局限，以及愚民政策的目的，整体文化和审美呈低俗化的倾向，社会和人生的自由度越来越窄，艺术的想象空间越来越逼仄，艺术作品的精神高度下降。随着“程朱理学”和科举制度的推行，人们的想象力、创造力被扼制，审美弱化，艺术更趋“侏儒化”“弱智化”。大众普罗的喜好抬头，刚正不阿的风骨软化，崇尚自由、自然、提升的审美精神也在丧失。不过尽管如此，在明清时代的中晚期，那种崇尚自然、物我两忘的高贵精神仍时有抬头，一批有着真正艺术精神的独立艺术作品或有出现。尽管如此，士大夫精神已不是艺术美和生活美的主旋律，它只是一种空谷幽兰的生命绝响。

近现代之后，由于社会动荡，战乱连连，再加上西方现代化所导致的实用主义、功利主义的渗入，中国的文学艺术遭到了进一步摧残，传统的艺术精神更进一步沉沦。艺术的政治化倾向、实用主义倾向和世俗主义倾向抬头，这直接导致了真正的艺术精神缺失，艺术的品位下降，高蹈精神向世俗俯首，自然和自由变身为功利和实用，士大夫精神更是变身为犬儒主义。中国近现代上百年的屈辱和战乱，更使得中国自古以来高洁的审美观变得扭曲和肤浅：黄钟大吕变成田野俚语，布衣青衫变成了披红挂绿，古琴琵琶变成了锣鼓鞭炮，洁身自好变成了争相取宠，安详宁静变成喧哗骚动，幽默风趣变成庸俗不堪……如果说是与非，美与丑是人类最基本标准的话，那么，很长一段时间里，这种基本标准都在丧失，很多人已分辨不了是与非，也分辨不了美与丑。“文革”时期八个脸谱化的样板戏在左右着中国人的全部精神生活，这样的现象，又何尝不令人扼腕叹息！

如果说中国当代教育存在着诸多问题的话，那么，以我的理解，当代教育最大的失败，甚至不是传统丢失、精神扭曲以及弱智低能，而是在美育上的缺失。这一点，只要观察我们周围的人们，就可以得出这样的结论——在我们的周围，到处都是对于生活没有感觉，对于美丑没有鉴别的人。他们所拥有的，只是功利，只是物质，只是金钱，只是对美丑的弱智的鉴别和判断。这些人不仅仅是一些教育低下的人，甚至，一些貌似受过良好教育的人也是这样——他们虽然拥有很高的学历，有很好的教育背景，但在美丑的辨别力，以及对于艺术、心灵的觉察力、感悟力和理解力上，同样表现得能力低下、缺乏常识。这样的现象，实际上是我们多年以来的教育缺乏美育，缺乏精神导向的结果。一个人的审美，是与道德和智慧联系在一起的，审美的缺失，实际上也是道德和智慧的缺失。一个对美缺乏判断力的人，很容易在人生中缺乏动力和方向，也很容易被民族主义、法西斯主义、极端主义、工业主义所奴役，成为过度现代化的牺牲品。在很多时候，这种人不可能是一个丰富的生命，只是一架精神匮乏的机器。

现在，这一套由合肥工业大学出版社精心组织的“最美中国丛书”，似乎在某种程度上，弥补了一些“寻根”和美育上的缺失。该丛书旨在“重建中国优美形象，重构华夏诗意生活”，通过对古代思想、伦理道德、文学艺术、风景民俗、器物发明等的重新梳理，重新发现中国特有的美，倾情向世人推介这种美，以期真正的美得到传承。这套书知识精准，图文并茂，力求童趣与大美的融合，悦目和感人的统一。对于正在成长的青少年来说，这一套书，应是一个不错的选择，最起码它可以让人知道，什么是中国的最美，什么是中国真正的美。继第一辑10本书受到业界、读者的广泛好评之后，合肥工业大学出版社又趁势推出第二辑“物华灼灼”和第三辑“文质彬彬”，加在一起又有20本，这两辑丛书在第一辑相对比较宏大叙事的基础上，着力聚焦中华文化的细节之美，视角更为开阔，叙述更为细腻。无疑是值得期待的。

20世纪初，北京大学校长蔡元培先生曾经提出过著名的“五育并举”教育方针，“五育”为：军国民教育、实利主义教育、公民道德教育、世界观教育、美感教育。其中，美感教育尤其有特色，蔡先生还以“以美育代宗教”的口号闻名于世。在蔡元培看来，美育是宗教的初级阶段，对于没有宗教传统的中国人来说，美育教育是一种基础，并且相对宗教，美育更安全，更普及，也更为人接受。通过美育，可以培育出道德是非的基础，培育出向上的力量。虽然蔡元培的这一观点引起过一番争论，但对于一个人来说，有美的熏陶，有对于美丑的正确判断，怎么都不能说是一件坏事。并且，美与是非，与善恶，与道德，与人类的心灵，与这个世界的根本，是联系在一起的。以对美的判断和感知为出发点，了解中国历史，了解中国文化，了解中国人曾经的艺术生活，了解一个民族的内心世界；从而进一步了解世界，了解世界的规律，与身边的一切做到和谐相处，都是大有好处的。

也许，这套书的意义就在于此。

# 【目录】

最美中國

## 天工开物

## 生活妙助

## 艺文斐然



## 宇宙探究

（因本书部分图片未及向创作者申请授权，祈盼宽谅；恳请有关作者见书后与我社联系，以便奉寄稿酬及样书。）

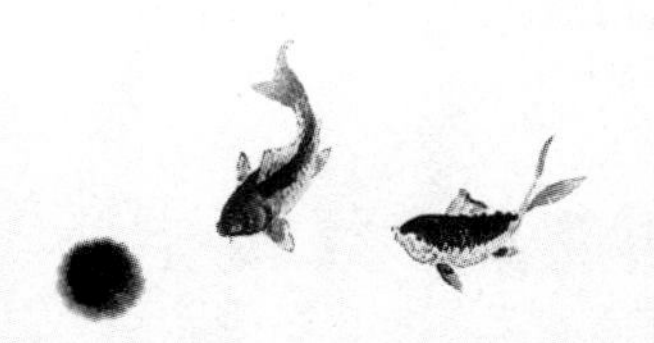

# 天工开物

# 火柴：点燃文明的火种

## 一

人类开始认识和利用自然现象是从火开始的。人们发现用火烤熟的食物松软可口，容易消化，还发现火可以吓阻野兽的攻击，在寒冷的冬季可以用来取暖，于是就开始有意识地保存火种和利用火种。

由于自然界中的火利用起来并不方便，后来人们又发明了人工取火。我国有燧人氏钻木取火的古老传说。据《韩非子・五蠹》记载，在远古时代，曾经有一位圣人钻燧取火，教民熟食，有利于人类的健康，于是人们称这位圣人为燧人氏。另有一些古籍记载，伏羲、炎帝、黄帝等也曾利用火来为民造福。

最早的人工取火方式是摩擦取火，《庄子・外物》中“木与木相摩则然”的描述，就说明了早期人工取火的情形。而火柴，这种便于携带的人工火种更是改变了人类用火的方式，给生活带来巨大便利。

## 二

在中国民间，火柴还有很奇怪的俗称——洋火。据说是因为在清朝时，有人把火柴作为一种“贡品”传入中国，所以就误认为火柴是外国人发明的。这是对火柴发展历史不了解造成的。

火柴是由谁发明的呢？根据记载，最早的火柴是由中国人在公元577年发明的，当时是南北朝时期，战事四起，北齐腹背受敌，物资短缺，尤其是缺少火种，烧饭都成问题，当时后妃和一班宫女神奇地发明了火柴。

钻燧取火

早期的火柴是用硫黄制成的，北宋初年的学者陶谷在他的《清异录》一书中就写道：晚上急着要去茅厕，点灯又嫌太慢，有聪明的人就把杉木劈成小条，再涂上硫黄备用，这些涂上硫黄的木条一遇到摩擦就会燃烧起来。这种神奇的木条，人们叫它“呼光奴”。由此可见，北宋时候的人们已经普遍使用这种染有硫黄的杉木条引火，这就是现代火柴的雏形。

南宋时期，据《武林旧事》记载，在公元1270年左右，杭州的大小街道上就已经有火柴出售了。明朝田汝成著的《西湖游览志馀》中也有关于火柴的记录。其中写道：杭州人把松木削为薄如纸片的小片状，把硫黄融化后涂在木片前端。人们把这种东西叫作“发烛”或“淬儿”。从这些记载中可以看出，当时的火柴无论从形式还是从作用上，都与现代火柴很相似。

在同时期的欧洲，还没有火柴的概念，因此我国使用火柴的历史比欧洲早了将近1000年。从史书的各种记载可以看出，火柴的确是中国人最早发明的。

## 三

现代火柴是19世纪20年代由英国人沃尔克发明的。1830年，法国的索利亚和德国的坎默洛对火柴进行了革新，用黄磷、硫黄和氯化钾混合，制成了现代的火柴。

火柴的出现改变了人类对火的利用方式，让人们对火的利用变得更加方便。到了今天，各类打火机已经走进了千家万户，传统的火柴渐渐淡出了人们的生活，然而，火柴给人类生活带来的巨大便利，是值得永载史册的。

火柴已渐渐淡出历史舞台

# 播种机的始祖——耧车

我国是世界上机械发展最早的国家之一，在机械方面有着许多著名的发明创造，充满着浓郁的中国特色。在战国时期，我国就有了播种机械——耧车，它是现代播种机的始祖。

## 高效率的三脚耧车

早期的耧车由于大小不一，导致播种幅宽不同，行数也不同，粮食的亩产量有大有小。汉武帝的时候，农业官员赵过在前人制造的一脚耧车和二脚耧车的基础上，发明了播种速度极快的三脚耧车。

据东汉崔寔《政论》记载，三脚耧车下方安装了三个开沟器，播种时，用一头牛拉着耧车，耧脚在平整好的土地上开沟播种，同时进行覆盖和镇压，一举数得。耧车操作也很方便，只需一人在前面牵着牛，一人在后面手扶耧车播种，可以在行进的路线上同时播撒三路种子。这样，一天就能播种一顷地，大大提高了播种效率。

三脚耧车

汉武帝见到三脚耧车后，不禁龙颜大悦，下令在全国范围里推广这种先进的播种机。还改进了其他耕耘工具，并且提倡代田法，对当时农业生产发展起了巨大的推动作用。

## 让欧洲人惊讶的机器

在中国出现三脚耧车这种先进的播种设备后，其他国家仍然在使用落后的手工播种方式。那些不了解西方农业史的人，在得知西方直到公元16世纪还没有播种机时，或许要大吃一惊。用手点播种子不仅效率低下，而且损耗惊人。因为播下的种子发芽后长成植株时，容易聚集在一起，互相争夺水分、阳光和营养，影响了产量，所以西方人常常要把当年收成的一半留作种子，等到来年播种。

这种情况一致延续到16世纪。来中国访问的欧洲人看到中国的耧车后，大感惊讶，回去宣传了中国播种机的种种神奇之处。于是西方一些发明家受到了启发，开始研制自己的条播机。由于一些发明者对中国耧车的构造不太清楚，也没有见过实际样品，只是道听途说而来，因而发明的条播机效率低下，成本昂贵。

## 领先世界的中国播种机

1566年，威尼斯参议院给欧洲最早的条播机授予了专利权，它的发明者是卡米罗·托雷洛。可以说，这是欧洲历史上第一台有明确记载的播种机。1602年，波伦亚城的塔蒂尔·卡瓦里纳也研制了一种条播机，但结构非常原始，无法发挥应有的作用。

耧车播种

18 世纪初，詹姆斯·夏普发明了一种质量较好的种子条播机，但只能单行播种，效率不高。由于缺乏这方面的工程技术知识，欧洲在公元 19 世纪中叶以前的种子条播机基本上无效，也不经济。因此，欧洲在播种机这个问题上，白白浪费了两个世纪的时间。

与此同时，我国播种系统在效率上至少是欧洲系统的 10 倍，而换算成收获量的话，则为欧洲的 30 倍。在整个这段时期内，我国在农业生产率方面比西方要先进很多很多，以致在世界的东西方之间能看到这样的对比，即我国颇像今天所说的“发达国家”，而西方是“发展中国家”。

# 车的传说





## 黄帝与指南车

黄帝是我们中华民族的始祖。大约在5000年以前，黄帝领导的部落打败了蚩尤部落，统一了中原，从此开创了中华民族的文明史。

黄帝是怎样打败蚩尤的呢？相传，侵略成性的蚩尤部落凶猛无比，他们一举侵占了炎帝部落的土地，烧杀抢夺。炎帝逃到黄帝那里请求帮助，黄帝就号召各部落联合起来，准备人马，和蚩尤展开了一场大战。

在激烈的战斗中，蚩尤抵挡不住黄帝的攻击，只好狼狈逃窜。黄帝率领士兵正要追击，突然狂风大作，浓雾弥漫，部队迷失了方向，只好就地安营扎寨。

有了这次教训，黄帝造了个木头人，手总指着南面，装在一块木板上，这样就能在战斗中准确地辨识方向了。不过，这个木头人非常笨重，打仗时一直要人抬着，实在不太方便，黄帝想找个不要人抬的方便办法，一直想不出来。

指南车模型

这天早晨，黄帝刚出门，背后就刮来了一阵凉风，“呼”一下把头上的帽子吹掉了。那帽子是用树枝编的，圆圆的像个锅盖，一落地，骨碌骨碌朝山下滚去。黄帝赶忙去追，帽子越滚越快，咋撵也撵不上。捽着捽着，黄帝猛地开窍了，想到在指南人的木板底下安上两个圆东西，转动起来，不就跑得快了吗？

黄帝马上叫人截了两个木轱辘，中间凿个眼儿，用一根直棍一头穿一个，安在装着指南人的木板下面。虽然这辆手推车相当简陋，车轮是实心的木饼子，结构粗糙，但使用起来相当方便，人推着很省力。

世界上第一辆车子就是这样诞生的。

在指南车的正确指引下，黄帝带领士兵向南追去，终于赶上了蚩尤，将他活捉了。从那以后，车子就成为黄帝部落的象征，人们都称黄帝族为轩辕氏。

## 奚仲造车

黄帝造车只是一个美丽的传说。据考证，世界上最早的车辆出现在距今4000多年前的夏朝，发明者叫奚仲，是他在薛地（今山东枣庄境内）制造了世界上第一辆用马牵引的车辆。

奚仲发明的马车究竟是什么形状呢？由于时代遥远，不可能有实物保存下来，但在距今3000多年的甲骨文中，已出现了象形文字——车。观其字形结构，分别由轮、轴、舆、辕等部件组成。据专家考证，这是一种单辕车，由车舆下方向前伸出一根较直的辕木，牵车的马匹分别套在辕木左右两侧，通常由两匹马牵引，多者可用四匹，但绝不能用单数。

奚仲造车雕像

奚仲制造的牵引马车复原模型

成书于春秋战国时期的《管子》一书，也对奚仲造车做了客观评价："奚仲之为车也，方圜曲直，皆中规矩准绳，故机旋相得，用之牢利，成器坚固。"意思是说，奚仲所设计创造的车结构更为合理，各个部件的制作均有一定的标准，因而坚固耐用，驾驶起来也十分灵便。

这种以木为主体结构的马车虽然比较简单，但大大方便了交通运输，成为奴隶主贵族出行的重要交通工具。马车的出现，还促进了道路设施的发展，有利于各地区之间的联系和信息的传递，扩大了商贸运输活动和文化的交流。随着以后诸侯战争的加剧，马拉战车也应运产生，在军事上发挥了极为重要的作用。

当世界许多古老民族还在以牛马为交通工具时，奚仲发明的马车早已奔驰在华夏大地上。这不但是中国科技史上的一件大事，也可以当之无愧地入选世界之最。

# 纺车的变迁

“我曾经使用过一辆纺车，离开延安那年，把它跟一些书籍一起留在蓝家坪了。后来常常想起它。想起它，就像想起旅伴，想起战友，心里充满着深切的怀念。”这是著名散文家吴伯箫在其名作《记一辆纺车》的开头一段。作为延安时期“自己动手，丰衣足食”的主要纺织工具，纺车陪着无数战士走过中国革命最艰难的岁月，成为中国革命的见证物。

很难想象，在工业革命已发生了两三百年后的中国，有数千年历史的纺车直到改革开放前夕依然活跃在许多农村。它就像发生在昨天的一件往事，还存留在许多人的记忆中。

## 手摇纺车和脚踏纺车

作为古代采用纤维材料如毛、棉、麻、丝等生产线或纱的主要设备，纺车出现在什么时代，目前还无法确定。关于纺车的文献记载，最早见于西汉扬雄（前 53 ~ 18）的《方言》一文中，扬雄称其为“維车”和“道轨”。

最早的单锭纺车的图像出现在汉代的石画中。据考古发现，这样的石画不少于 8 块。1956 年出土的一幅汉代石画，曾形象生动地刻画了人们织布、纺纱和调丝的情景。这说明纺车已是那时相当普及的纺织工具，而纺车的出现应远早于汉代。

据有关专家推测，最早的纺车——手摇单锭纺车出现在战国时期，由木架、锭子、绳轮和手柄四部分组成。不久以后，还出现了手摇多锭纺车以及脚踏纺车。

脚踏纺车相对于手摇纺车，只多了一个脚踏装置，它发明的最早时间还没有确定，现在能见到的是公元4世纪我国东晋著名画家顾恺之（约345～406）一幅画上的脚踏三锭纺车。公元1313年，元代著名的农学家王祯在他所著的《农书》上，也画了三锭脚踏棉纺车和三锭、五锭脚踏麻纺车，证明了脚踏纺车从东晋以后一直都在使用。

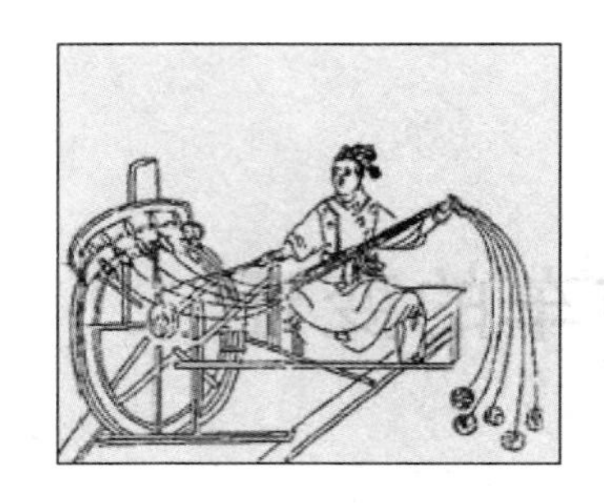

王祯《农书》中的脚踏纺车

纺车在元代传入欧洲，在1280年左右出版的德国斯佩耶尔的一个行会章程中，第一次有了对纺车的记载，比中国晚了1100多年。





## 大纺车

到了北宋时期，大纺车出现了，结构由加捻卷绕、传动和原动三部分组成，原动机构是一个和手摇纺车绳轮相似的大圆轮，装有曲柄的轮轴需专人用双手才能摇动。

水力大纺车模型

在中国，人们利用水做动力的历史由来已久。南宋以后，人们又把水动力安装在了纺车上，水转大纺车是当时世界上最先进的纺织机械，主要用于加工麻纱和蚕丝。麻纺车较大，全长约9米、高2.7米左右。

它与人力纺车不同，装有锭子 32 枚，结构比较复杂和庞大，有转锭、加拈、水轮和传动装置等四个部分，用两条皮绳传动，可以使 32 枚纱锭运转，具备了近代纺纱机械的雏形。

这种纺车用水力驱动，工效较高，每车每天可加拈麻纱 100 斤。水转大纺车是中国古代将自然力运用于纺织机械的一项重大成就，如单就以水力作原动力的纺纱机具而论，中国比西方早了 4 个多世纪。

## 黄道婆的聪明才智

在纺车的改进及推广，尤其是棉纺技术应用过程中，一位女性应当获得尊重，她就是黄道婆（约 1245 ~ ?）。

宋末元初，童养媳出身的黄道婆流落到海南岛崖州（今海南省三亚市）。当时，生活在海南的黎族人民积累了一套棉花的纺织加工技术。在与黎族姐妹的交往中，黄道婆学会了棉纺技术。

黄道婆雕塑

公元 1295 年左右，黄道婆回到故乡松江乌泥泾（今上海乌泥泾镇）后，和当地的织妇一起，将纺麻的脚踏纺车改成三锭棉纺车，并且总结了一套纺纱技术。此外，她还革新了轧棉和弹棉工具，大大提高了纺纱产量。在织布过程中，她又总结提高了织布中的“错纱、配色、综线、挈花”等织造技术。这些成果使松江地区一跃成为当时中国的棉纺织中心之一，其精美的“乌泥泾被”成为全国知名品牌。

# 话说石磨

石磨

粮食在收获的时候，并不是我们日常吃到的样子，比如大米，人们刚收获的时候是稻子，还带有壳。这时就需要有一种工具把壳去掉，这种工具就是石磨。在农业生产中，石磨曾经是粮食加工的主要工具，在我国农业发展史上占有重要地位。

石磨是加工米、麦、豆等粮食的一种机械，它通常是由两个圆石组成，上面的圆石，叫“上扇”，能转动；下面的圆石一般固定不动，叫“下扇”。上扇上面凿有磨眼、磨腔和磨孔，用来套住下扇和填充粮食；其侧壁有磨柄，便于用力推动磨扇。上下扇的结合面凿有凸凹不平但十分均匀的锯齿状细槽。推动上扇磨柄时，能将上下扇之间的粮食研细。

磨最初叫硙，到了汉代之后才改称为磨，相传是“木工之祖”鲁班发明的。由于史籍中没有明确记载，加上考古中尚未发现战国时期的石磨，因而没有证据表明鲁班是石磨的发明者。我国出土的最早的石磨实物，是在河北保定满城汉墓中发现的，距今约有 2100 年的历史。

石磨的出现是我国农业史上的一件大事。粮食经过石磨加工后，更加方便食用，从而使石磨得到很大的推广。石磨的推广也使得我国粮食加工工艺一直处于世界领先水平。

在长期的生产实践中，我国劳动人民对石磨进行了不断的改进，驱动方式由最初的人力发展到畜力，然后又采用水力，使得石磨的工作效能不断提高。

据考证，用水力作为动力的磨，在晋代就已经出现了。杜预、崔亮等人发明的水磨，在历史上又称“杜崔水磨”，它结构简单，其动力部分是一个卧式水轮，在水轮上安装一个主轴，主轴与磨的上扇扇柄相连，流水冲动水轮，从而带动扇柄转动。

与此同时，刘景宜发明了一种“连磨”，用一个水轮带动几个磨同时转动，这种水磨也称水转连机磨。可惜的是，他的这一发明并没有保存下来。

中国发明的石磨在古代农业社会中发挥了重要作用，近代随着工业革命的开展，机器逐渐取代了人力，电磨逐渐取代了石磨，石磨逐渐退出了历史的舞台。

# 鲁班造锯

## 一

自从地球诞生文明以来，人类就学会利用木材，先是做棍棒，后是做标枪，当然也有取火，随着人类文明的进一步发展，木材开始用于做房子，做家具，如桌、椅、床、门等，木工也随之作为一种独立的工种出现。

木工出现了，就有专门的人来思考如何快速地加工木材，将它们做成预想的模型。发明和改良木工工具就成了他们首要解决的问题。

在距今2500年前的春秋时代，中国出现了一位优秀的手工业工匠和杰出发明家，他就是被土木建筑工匠们视为“祖师”的鲁班。木工的许多工具，如刨、锯、墨斗、凿子、铲子、曲尺等工具，都是他发明的。

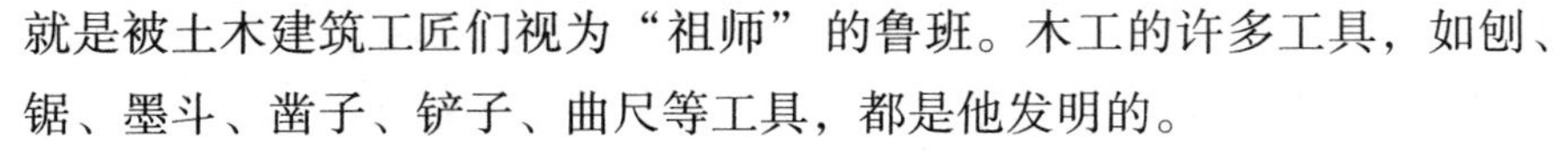

鲁班学艺的时候，木工的工具只有斧头和锤子。工具虽然简陋，但鲁班使用斧子的技巧极为熟练，没有人能比得上。我国有句成语叫“班门弄斧”，意思是在鲁班的家门口玩斧头，是不自量力的表现，会被人笑话的。

## 二

关于鲁班发明木工工具有许多传说。有一次，鲁国国王要鲁班在一年内造一座宫殿。造宫殿需要大量木材，于是，鲁班带着众弟子上山伐木。尽管斧头十分锋利，但是要在短时间内伐倒一棵大树可不容易，几天下来，他们又累又乏，可与目标相距甚远。照这样的速度，一年的时间别说造房，就是用于伐木也不够。如何快速伐木，成了鲁班急需解决的难题。

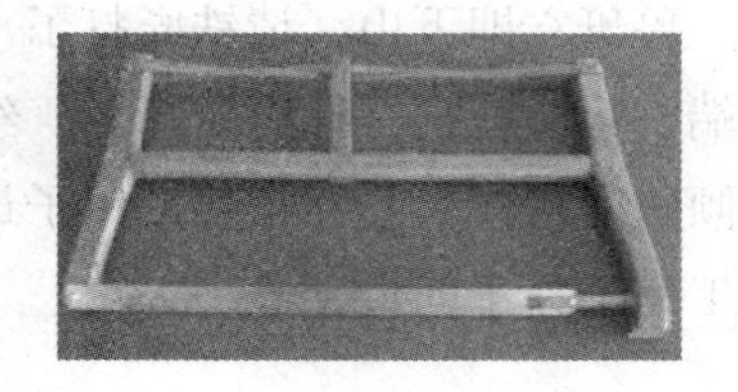

锯子

一天傍晚，鲁班下山回家时，依然满脑子琢磨如何快速伐木这一难题。走着走着，他就落在众人之后，一不留神滑倒了，向下滚时，他随手抓了一把野草。身体虽然停了下了，可他的手遭殃了，竟被草划开许多口子，鲜血直流。

他摘下叶子一看，原来叶子边缘长着锋利的锯齿，他的手只是轻轻地在叶子上拖了一下，就被这些小锯齿划了长长的口子。

鲁班停下来，摘了一片树叶擦了擦血迹。突然，他看见树旁野草上有只大虫子，两个大颚一开一合，很快地就把一片草叶吃掉了。他抓住虫子仔细观察，发现它的两个大颚上也排列着许多小锯齿，所以能很快地嚼碎叶片。

刨子

墨斗

鲁班多日的心结一下子豁然洞开：如果能制造出一种带有许多锋利的小齿的工具，用它来伐木，效果如何？他用毛竹做了一条带有许多小锯齿的竹片，拿到小树上去试验，几下就把树皮拉破了。再用力拉几下，小树干就划出了一道深沟。但是竹片的硬度较差，拉了一会儿，有的小锯齿就断了。鲁班想，如果用铁片代替竹片，岂不更好?

鲁班立即下山，请铁匠打了一条带小锯齿的铁片，他和徒弟一人拉一端，很快就把一株树拉断了。经反复试验改进，鲁班最后发现有一定的倾斜度，像犬牙样错位的锯子最省力，效率最高。于是，实用性强的木工锯子终于问世了。

## 三

发明了锯以后，鲁班又琢磨起另一件事来：如何使木材表面平整光滑呢？他尝试在木块中间嵌上一把锋利的刀，推动它刨不平整的木面，果然，很快就把木材刨得非常光滑。经改进，另一项重要木工工具——刨子问世了。

铁锯、刨子发明后很快获得了广泛应用，相比于斧砍刀削，工作效率不知提高了多少倍，从而将工匠们从原始、繁重的劳动中解放出来，大大地促进了木工手工业技术的发展。

# 铁犁的进化史

## 一

刀耕火种，是远古时期人们的农业经营方式，石刀、石斧、木棒是最原始的生产工具，当这些工具发展到铁犁的时候，农业生产发生了翻天覆地的变化。

在人类农具发展史上，没有哪一种农具像铁犁一样，产生过如此巨大的影响，它所带来的变革，使中国农业在长达数百年的历史中一直处于世界领先地位。在它传入欧洲，并被大量仿制而获得普及后，欧洲才掀起近代农业革命。而正是欧洲农业革命，才导致了工业革命的产生，使西方国家后来居上，一跃成为世界强国。

直到18世纪初，欧洲绝大多数农民还是以一种效率低下、极费体力的方式犁地，这种方式是对人力、物力的极大浪费。而早在公元前6世纪，处于春秋时代的中国就摆脱了劣质犁的束缚，用上了铁制犁。

英国科学家李约瑟曾说："铁犁的发明是人类农业发展史上的一次重大革命，是人类生产发展史上当之无愧的里程碑。"

## 二

在中国古代，最初的耕作农具是耒、耜。耒是由挖草根的尖木棒发展演变而来的，它是一种下部绑有踏脚横木的尖木棒，后来演变为下部膨大的双齿耒。耜是一种由石片演变而来的掘地工具。这两种工具各有优点，结合在一起就成了"耒耜"，它可以看作是犁的最早雏形。

到了夏朝，人们“始作牛耕”。有牛耕，自然要有犁。春秋战国之际，牛耕的推广，使犁的应用得到了大范围的推广。在今河北易县、河南辉县，还有陕西关中各地，都发现了大量的战国铁犁铧，说明犁已从过去的石制演化为铁制。从耒耜到铁犁、从人耕到牛耕，是人类农业生产技术的一项重大变革。

公元前6世纪，铁包木或实心铁犁已广泛应用在农业生产中，这是世界上最早的铁犁，在质量上比西方通用的阿得犁好得多。希腊与罗马的阿得犁通常是用短绳捆在犁的底部，同中国犁相比，它们既不坚实又不牢靠，即使是用铁制作的也是如此。



公元前4世纪，框架犁在农业生产中普及开来。这种犁使用了可调节杆，可以调整犁片与犁梁之间的距离，这样就能精确地控制犁地的深度。从技术上来看，堪称当时世界上最先进的犁。

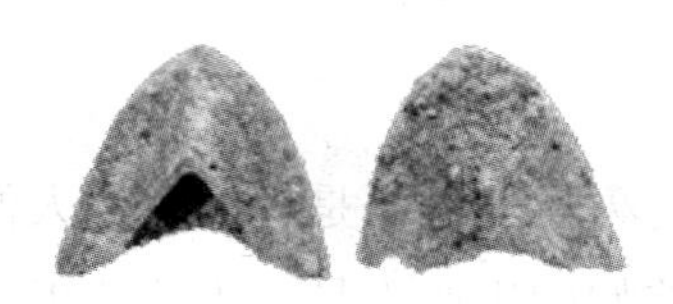

出土文物——铁犁冠



随着炼铁和铸造技术的提高，被称为“铧”的犁铧研制成功。这类犁铧在设计上比较先进，呈脊形，以便于犁土，而挡板以平缓坡度向上朝向中心，将土从犁上抛开。当时的秦国推行富国强兵政策，措施之一就是改进铁犁形制，推广牛耕铁犁，以扩大耕地面积，提高粮食产量。

## 三

到公元前2世纪，大量生产铸铁农具的私人作坊已遍及中国。汉代朝廷在许多省份建立了大的官营铸造厂。铁器在百姓中已被相当普遍地使用，因此铁犁对普通人来说，是很一般的东西。

汉墓壁画上的直辕犁耕作场面

西汉时的中国，农业生产的效率达到了很高的水准。当时，犁的宽度普遍已超过15厘米，能够开沟作垄。带有犁壁的铁犁不仅可以将土轻松掀到一边，而且能配合犁铧打出不同的田埂。

犁地离不开牛。到了西汉末期，已经出现了一人一牛的犁耕法，这种牛耕形式至今也没有太大的改变。

总的看来，汉代耕犁有两个特点：一个是犁床比较长，优点是具有摇摆性和速耕性，缺点是只适合浅耕，不适合深耕；另一个是犁辕又直又长，故称直辕犁。直辕犁耕地时缺乏灵活性，调头拐弯都不方便。

## 四

进入唐代，犁的使用发生重大改革，并取得了巨大的成就，那就是江东犁的出现。江东犁是以最早出现此犁的地区名命名的。唐人所谓的“江东”，就是江南。江南水田种植稻作物。水田面积小，种植稻作物迫切要求耕犁节省畜力，灵活转弯，所以耕犁的改革首先发生在江东。

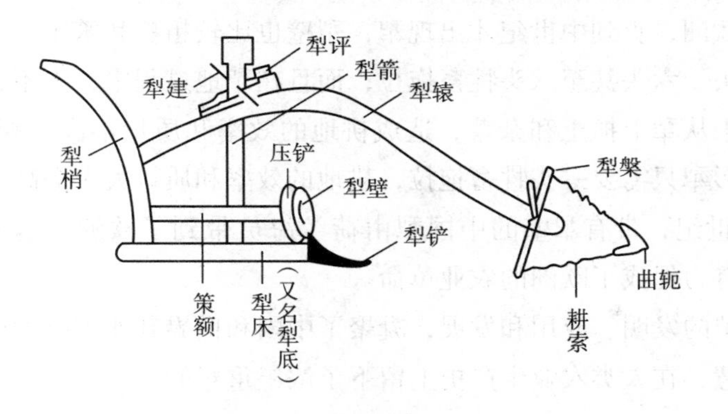


江东犁结构图

江东犁由十一个部件构成，有四处重大改进：一是犁辕由长直改为短曲，故称“曲辕犁”。这样一来，犁辕缩短了，操纵起来更加灵活，便于回转，节省畜力。直辕犁的牵引一般采用二牛抬杠的方式，而曲辕犁只用一牛牵引即可。二是增装了犁评，可以满足深耕、中耕、浅耕的不同

操作灵活的唐代的江东犁

需要。三是改进了犁壁，可以将翻起的土块推到一旁，减少前进阻力，而且能够去除草根，将杂草变为肥料。四是设置了犁槃，并用绳索连接牛轭，避免耕牛被木辕摩擦受伤。

曲辕犁是唐代劳动人民对传统耕犁进行重大改进后制造而成的，是我国农耕史上的重要成就，标志着我国耕作农具的成熟。中国耕犁至此基本定型。

## 四

根据外国农学史专家维尔特的研究，传统耕犁在全世界有 6 种，即地中海勾辕犁、日耳曼方型犁、俄罗斯对犁、印度犁、马来犁和中国框形犁。其中，最先进的是中国框形犁。所谓中国框形犁，就是曲辕犁。因为曲辕犁的床、柱、梢、辕四大部件构成框形而被称为中国框形犁。

在欧洲，直到中世纪才出现犁，犁壁也比较粗糙和笨重，故而耕犁需要四头、六头甚至八头牲畜拖拉，而且在犁地过程中，人不得不一次次停下来从犁上抓土和杂草，造成耕地的效率和质量不高。相比之下，中国框形犁只需要一头牲畜拖拉，耕地的效率和质量大大提高。

17 世纪，带有犁壁的中国犁由荷兰海员带到了欧洲，迅速被大量仿制，有力促成了欧洲的农业革命。

铁犁的发明、应用和发展，凝聚了中国和世界其他国家发明家的心血和智慧，在人类农业生产史上留下了浓墨重彩的一笔。

# 活塞风箱：最早的鼓风机

道教的创始人老聃在其哲学巨著《老子》中，曾提到过这样一种工具："天地之间，其犹橐籥乎。虚而不屈，动而愈出。"意思是，广阔的天地之间，看起来像是一个巨大的风箱吧。虽然它的内部是空的，但却不会塌陷，它运动得越多，产生的能量也就越大。

这种被老聃称为"橐籥"的工具，就是鼓风机，是冶金行业中必不可少的工具。它能够一边向外面排气吹风，一边从外面吸取等量空气，因而可以提供连续风流，是一种革命性的发明。

活塞风箱是鼓风机的祖先

历史上是谁发明了这种有划时代意义的工具，又是什么时候发明的呢？由于缺少资料，至今无法考证。但可以肯定的是，这种新式鼓风工具，在公元前4世纪时的中国已经被广泛使用了。

据记载，最早的鼓风机器是一种皮囊，随后是风扇，然后才出现风箱。现存最早的活塞式风箱是明代制造的，明代的宋应星对它有过详细的描述。直至17世纪，中国在冶金术上一直处于世界领先的地位，之所以有这么巨大的优势，是因为得益于一种工具的发明，这就是双动式活塞风箱。

作为一个极其简单而又聪明的发明，双动式活塞风箱外形是一个作为汽缸的长方形箱子，箱子两端各设一个进风口，口上设有活瓣。箱侧设有一风道，风道侧端各设一个出风口，口上也设有活瓣，并用羽毛或软纸片塞在活塞四周，保证其通道既润滑又具有密封性。箱子有一个伸出的拉杆，通过推拉拉杆驱动活塞往复运动，促使活瓣一起一闭，以达到鼓风的目的。

1280年，当时的元朝还出版了一本有趣的书——《演禽斗数三世相书》，刊印了最早的双动式活塞风箱图片。很难理解，对于这种极其简单的工具，西方人竟从未发明它。更令西方人吃惊的是，中国人不仅将这种双动式活塞风箱用于冶金行业，还让其喷射液体，将其改装成了火焰喷射器，在战场上大显神威。

到了16世纪，在我国早已广泛应用的双动式风箱传入欧洲。依此原理，J·N·德拉希尔于1716年发明了类似的双动往复式水泵，从而为后来的活塞式机械的发明打通了道路。

# 神奇的避雷针

在一个乌云如墨、电闪雷鸣的夜晚，大发明家本杰明·富兰克林手擎风筝，在暴风雨中孤独地奔跑……这是科学史上最著名的实验之一，也让富兰克林名垂千古。不过，这位科学巨人没有想到，早在2000年前的东方，古代中国人就已经知道天空中的云层带电，并掌握了通过金属将电导入大地释放这一原理。这就是古代避雷针。

应县木塔的塔尖起到了防雷作用

汉代的时候，我国劳动人民就已经学会利用金属导电起到避雷作用。唐代古书曾记载：汉朝时柏梁殿遭到火灾，一位巫师建议，将一块鱼尾形状的铜瓦放在屋顶上，就可以防止雷电所引起的天火，起到镇火的作用。这些铜瓦的安装，实际上就起到了避雷的作用，可以认为是现代避雷针的雏形。

毫不夸张地说，避雷针在中国建筑中的应用，远远早于西方，现存的很多建筑都说明了这一点。位于中国山西省的应县木塔建成900多年来，长期未遭雷击破坏，原因是在塔顶有一根高达14米的铁刹，不仅起到了装饰作用，而且还起到了防雷作用。

这根铁刹的奥秘在于它的中间有一根铁轴，插入梁架之内，其作用正如同现代建筑中使用的避雷针。在塔的四周还有8条铁链，可以将雷电导入地下。正是有了这些避雷设施，应县木塔才在电闪雷鸣中安如泰山。

清朝康熙年间，我国各种建筑安装和使用避雷针已经相当普遍。1688年，西方传教士马卡连曾在《中国札记》中写道："中国屋宇的屋脊两头，都有一个仰起的龙头，龙口吐出曲折的金属舌头，伸上天空，舌根连接着一根根细的铁丝，直通地下。这样奇妙的装置，在发生雷电的时候就大显神通，若雷电击中了屋宇，电流就会从龙舌沿线下行地底，起不了丝毫破坏作用。"这段文字说明，中国人在古代建筑上安装的避雷装置，在结构上已经与现代避雷针基本相似。

西方直到1753年，才由美国人富兰克林发明了避雷针，并且首先安装在费城，而它的原理及功效直到百年后才获得人们的认可。相比于中国，西方在应用避雷针的起始时间上大大落后了。

# 传动带：动力的输送者

## 一

传动带是将电机或发动机旋转产生的动力，通过胶带传导到机械设备上，故又称动力带。它是机电设备的核心联结部件，种类异常繁多，用途极为广泛。从大到几万千瓦的巨型电机，小到不足1千瓦的微型电机，甚至包括家电、计算机、机器人等精密机械在内，都离不开传动带。

传动带的最大特点是可以自由变速，远近传动，结构简单，更换方便。我们常见的自行车链条，其实就是一种传动带。

## 二

很早以前，我们的祖先就已经制造出能够省力的机械装置。这些机械装置的一个主要原理就是机械传动，即利用机械运动的传递，一般分为带传动、齿轮传动、链传动和螺旋传动，其中带传动和链传动最为常见。而链传动是在带传动的基础上发展起来的。

手摇纺车

传动带是在公元前15年的西汉时期发明的。公元31年，杜诗发明了水排。这是一种水力鼓风器，它的主要组件包括动力轮、轮轴、卧轮、曲柄、连杆等，当然，在轮子间传递动力的传动带是必不可少的。当水排出现之后，由于它的用力少、做功多的优点，深受百姓的欢迎。

和传动带最为密切相关的是纺织机。最初，人们纺织用的是纺轮，这是新石器时代遗留下来的。公元前 1 世纪，纺织工具新增加了卷纬机。最初的卷纬机也有着纺车的功能。后来，为了方便处理棉纱，纺车从卷纬机中分离出来。

公元 121 年，我国出现了手摇纺车。手摇纺车是由原动机件、传动机件以及工作机件三部分组成的。操作时，需要一只手摇动纺车，另一只手纺纱。在传动带的作用下，纺纱效率大大提高。

## 三

在生产和生活中，运用传动带来传递动力的原理，使得很多生产工具得到改进。然而，随着认识的加深，人们还是发现了带传动的一些不足之处：传动带比较容易磨损，并且与转动轮之间的摩擦力不够大。于是，北宋时期的天文学家张思训受龙骨水车上的轮链的启发，在公元 976 年设计了一种链式传动装置，其原理和传统的带传动是相同的，只不过他用链节代替了实心带。这样，利用链节与轮上的轮齿啮合，整个传动链稳固地缠绕在轮子上。很快，这种装置被应用在大型机械钟里。

后来，欧洲的游客来到中国，带走了卷丝车及纺丝车技术。作为技术的一部分，传动带也传到了西方国家。于是在 1430 年，欧洲的一幅卧式旋转磨轮图上出现了传动带。这时，传动带在中国的应用已经有 1400 多年的历史了。

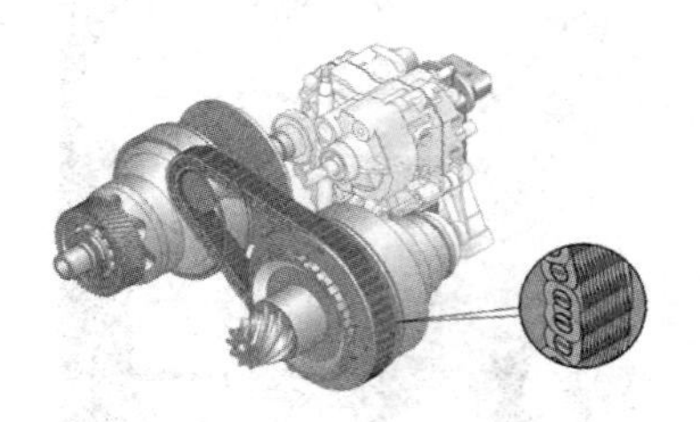

现代机械上的传动带

# 千变万化的提花机

中国是世界上最早生产纺织品的国家之一。早在原始社会，我国劳动人民就已经学会采集野生的葛、麻、蚕丝等，并且利用猎获的鸟羽兽毛，通过搓、绩、编、织等方法，制成粗陋的衣服，以取代蔽体的草叶和兽皮。

在此基础上，经过不断地摸索、改进，人们逐渐发明了一系列纺织工具，借助机械进行纺织，从而大大提高了纺织效率。在这一系列的纺织工具中，提花机的发明最有代表性，可以说代表了古代纺织技术的最高成就。





## 一

我们知道，一般的纺织品大都是平纹织物，其上各处都一样。这种织品，用一般的织机就可以了。可是如果要在织品上织出花纹或其他图案，普通的织机就不能胜任了，这就需要一种复杂得多的织机——提花机。

我国考古学家从河南安阳殷墟墓葬铜器上，发现了一些丝织物的痕迹，不仅有平纹组织的绢，还有提花的菱纹绮。这说明，我国早在商代就出现了提花机；到了周代，出土的织物中出现了多花色的锦；而到了汉代，我国劳动人民已能织各种复杂图案的锦了，如鸟类、兽类等。

提花的工艺源于原始腰机挑花，这种工艺在西汉时就广泛应用于斜织机和水平织机上。原始的腰机、斜织机及水平织机织制的是没有花纹的平纹织物。为了使织物更好看，古人常用挑花杆在其上挑织图案。挑花的方法有两种，一是挑一纬线织一纬织；二是挑一个循环纬线织一个循环，这两种方法虽然应用较普遍，但效率很低。

为此，聪明的古人想到两个改进的妙法，一是用综线来代替挑花杆，发明了多综多蹑式提花机；二是仍然保持挑花杆挑纬线的规律不变，但能使它有规律反复地传递给经丝，这就是花本式提花机，又称花楼或束综提花机。

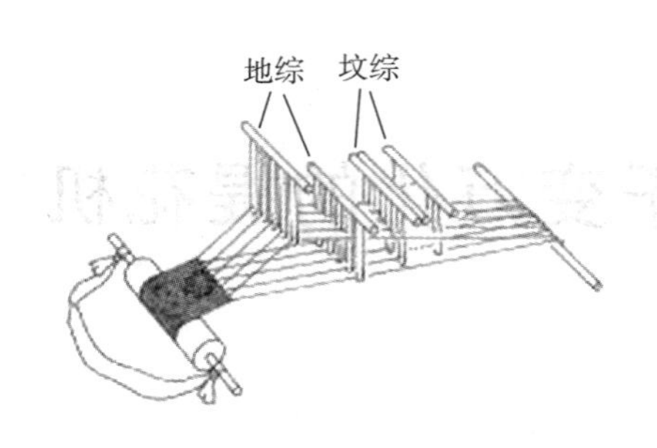


束综提花机原理图

《西京杂记》曾记载：巨鹿人陈宝光妻善织散花绫，她的织机上用120个蹑。可以想象，纵使陈宝光的妻子再手巧，这么多综蹑在织造时要理清可不是那么容易的事。到了三国时期，马均改六十综蹑为十二综蹑，采用束综提花的方法，既方便了操作又提高了效率。





## 二

花本式花机是我国古代织造技术最高成就的代表。织造时上下两人配合，一人为挽花工，坐在三尺高的花楼上挽花提综，一人踏杆引纬织造。东汉王逸《机妇赋》中，用“纤纤静女，经之络之，动摇多容，俯仰生姿”来形容织工和提花工合作操纵提花机的场面。

束综提花机以织物组织适应性广、花幅大小随机可变等优越性能，编织出一批批优秀的丝织品，而丝织品种的不断更新，也促进了提花机的完善。唐朝以后，束综提花机大为普及，经过几代的改进提高，已经逐渐完整和定型。

古老的提花机仍在发挥余热

在宋代楼璹的《耕织图》

上，就绘有一部大型提花机。这部提花机有双经轴和十片综，上有挽花工，下有织花工，她们相互呼应，正在织造结构复杂的花纹。这也许是世界上最早的提花机，在当时堪称世界第一。到了明代，提花机已极其完善，这在明代宋应星所著的《天工开物》中可得到印证。

## 三

至于欧洲使用提花机的时间，至今还没有一个定论。英国科学家李约瑟认为，西方使用的提花机是由中国传过去的，其使用时间要比中国晚400 年。1801 年，法国人贾卡在中国束综提花机的基础上，发明了新一代提花机，从而使丝织提花技术进入了一个新时代。

电脑提花机

在今天，随着计算机技术的广泛应用，提花机也逐步走向自动化，织出的布料更加艳丽多彩。

# 高效的龙骨水车

龙骨水车模型

水泵是农业灌溉的主要工具之一，可以说，现代农业生产已经离不开各种水泵。可是你知道吗，在水泵发明之前，古人是如何灌溉农田的呢？实际上，这一问题早就被勤劳智慧的中国人民解决了，那就是水车。

水车，又叫翻车、踏车，是一种历史悠久的农业灌溉机械。因为其关键构造的形状像龙骨，所以也称龙骨水车。水车可能最早出现在汉代，据《后汉书》记载，毕岚当时担任汉灵帝的“掖庭令”，专门负责宫廷手工制品的制作，为了解决皇城缺水问题，毕岚发挥聪明才智，制造出了一架水车。但是，这一构思精巧的发明并未运用到农业生产上，而是被安置在都城洛阳一座大桥的西面，用来给市郊南北大道洒水。

三国时期，魏国的工匠马钧认真研究了各种灌溉工具，对水车进行了较大的改进，并在此基础上设计了一种新的灌溉工具——翻车，运用到农业灌溉上。马钧制作的水车，可以脚踏，也可以手摇，轻便自如，在临水的地方都可以使用，最重要的是可以连续提水，效率很高，受到了农户的广泛欢迎。

水车的发明和在农业上的运用，是我国劳动人民集体智慧的结晶。作为世界上最早的提水灌溉工具之一，它开辟了人类使用水利机械的先例，促进了人类农业的进步和发展。不过，马钧发明的龙骨水车是人力的，汲水量还不算大。

到了南宋初年，出现了用畜力做动力的水车，汲水效率大大提高。畜力水车的工作原理并不复杂，水车上端的横轴上安装了一个竖齿轮，在旁边又立一根大立轴，立轴的中部装有一个大的卧齿轮，卧齿轮和竖齿轮相衔接。立轴上还装有一根大横杆，让牛拉着横杆转动，经过两个齿轮的传动，带动水车转动。这种水车节省了人力，而且牲畜的力量比较大，汲水量也比人力水车大得多。

在元代，还出现了水力驱动的水车。王祯的《农书》上记载了这种机械，它的工作原理和以前的水车相同，只不过动力装置安放在水流湍急或者水势较高的河边，借助水的冲击力带动水车汲水。可以这么说，这种靠水力驱动的机械是水车制造的一个巨大进步，也是人们利用自然力造福于人类的一项重大成就。

中国的龙骨水车对世界影响很大。16 世纪，欧洲出现了第一架龙骨结构的水车，它是按照中国水车的模式制作的。

由于龙骨水车结构合理，可靠实用，所以一代代流传下来。直到现在，我国有些农村地区仍然可以见到龙骨水车的身影。

在我国农村地区，仍然可以见到龙骨水车的身影

# 记里鼓车：出租车的祖师爷

如今我们外出办事或游玩，常常都会乘坐出租车。出租车上安装有计价器，按照行驶的里程向乘客收取费用，所以出租车又叫计程车。可能你还不知道，出租车并不是近代才产生的，远在1800年前的汉代，现代出租车的鼻祖——记里鼓车就被发明了。





## 最古老的计程车

记里鼓车又有“记里车”“司里车”“大章车”等别名。有关它的文字记载，最早见于汉代刘歆的《西京杂记》：“汉朝舆驾祠甘泉汾阳……记道车，驾四，中道。”可见在西汉时期，就已有了这种可以计算道路里程的车。五代马缟所著的《中华古今注》也有描述：“记里鼓车……行一里下一层击鼓，行十里上一层击钟。”无论是白天还是黑夜，都可以让人知道所行使的里程，充分体现了我国古代劳动人民的智慧。

记里鼓车模型

一般认为，最早发明记里鼓车的是东汉时期的科学家张衡。据史书记载，张衡设计的记里鼓车分上下两层，上层设一钟，下层设一鼓。记里鼓车上有小木人，头戴峨冠，身穿锦袍，高坐车上。车走一里，木人击鼓一次，当击鼓九次后，就击钟一次。

三国时期的马钧也是制造记里鼓车的高手。马钧是曹魏人，当时闻名的机械大师。他不仅会制造指南车、记里鼓车，而且改进了绫机，提高织造速度；创制翻车（即龙骨水车）；设计并制造了以水力驱动大型歌舞木偶乐队的机械等，可惜，他的生卒年并无详尽记载，只知道他当过小官吏，并因不擅辞令，一生并不得志。

记里鼓车局部

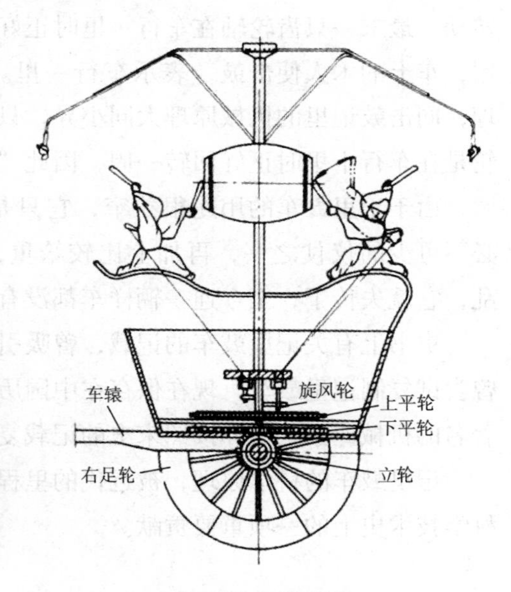


记里鼓车剖面图

记里鼓车造成后很快就失传了，有关的记载也非常简略。直到宋代，卢道隆于1027年重新制造记里鼓车，以及吴德仁于1107年同时制成指南车和记里鼓车的详情，才被记载于《宋史·舆服志》中。该书对记里鼓车的外形构造也有较详细的记述：“赤质，四面画花鸟，重台勾栏镂拱。行一里则上层木人击鼓，十里则次层木人击镯。一辕，凤首，驾四马。驾士旧十八人。太宗雍熙四年增为三十人。”由上述文字可知，记里鼓车的外形十分精美，充分显示出当时手工技艺的高超水平。

## 养在深闺人未识

记里鼓车的工作原理很简单，就是利用车轮的周长记录行车距离。简单地说，车轮的周长是恒定不变的，车行一里轮子转动的圈数也是不变的，只要记住车轮的圈数，行驶里程也就会得到了。记里鼓车正是利用这一原理，实现了对行驶里程的测量。

计算里程的问题解决了，那么怎么使人知道具体的里程数呢？这就不得不说到记里鼓车内部的减速齿轮系统。内部的减速齿轮与车轮同时转动，最末一只齿轮轴在车行一里时正好回转一周，经机械传动系统作用，车上的木人便击鼓，表示车行一里。至于“十里击镯”的记程原理，同击鼓记里的机械原理大同小异，只是这一减速齿轮系统的末端齿轮是在车行十里时正好回转一周，因此“十里一击镯”。

由于记里鼓车的用途很狭窄，它只是皇帝出行时“大驾卤簿”中必不可少的仪仗之一，再加上比较笨重，携带和使用不便，故一经战乱，它就失传了，至今连一辆样车都没有保存下来。

史书上有关记里鼓车的记载，曾吸引了很多机械师的兴趣，一些人曾尝试复制记里鼓车。现在保存在中国历史博物馆的记里鼓车，是近代著名的机械专家王振铎按照宋史的记载复制的。

记里鼓车的科学原理，被近代的里程表、减速器等发明所借鉴，是科学技术史上的一项重要贡献。

# 晶晶亮，透心凉

## ——古时的制冰技术

### 冰窖的妙用

在炎热的夏天，我们都习惯了吃点雪糕和冰淇淋，喝些冰镇的饮料，那种透心凉的感觉是多么舒服啊！这一切都是拜冰箱所赐。可你知道吗，在冰箱发明之前，古时候的人类居然也有冷饮吃！

我国是最早掌握贮存天然冰技术的国家。早在西周时期，人们在冬天将采集的天然冰放在地窖里储藏起来，等到第二年盛夏时取出来用。当时，这种藏冰的窖，称为“凌阴”。大诗人屈原在《招魂》赋中就有饮冰冻酒的记载：“挫糟冻饮，酎清凉些。”大意是：饮冰冻甜酒，真的好清凉啊！可见，当时的人们在夏天已经会享用冷饮了。

战国时代的冰箱——1978 年出土的战国曾侯乙楚墓冰鉴

春秋时期的《左传》，还详细记载了当时的皇室贵族藏冰、用冰的过程——

周历十二月开始在深山谷里凿取冰块，正月开始藏冰于凌阴，四五月可以用冰。深山冰块，不仅因寒冷而冻结得好，而且干净。藏冰和取冰都有特定的时间，而且，藏冰时要祭祀冬神，取冰时要举行攘灾仪式。

取出的冰块，主要用于国君用餐、招待宾客和祭祀典礼时，对食品饮料进行降温和冰镇。此外，冰块用在丧葬活动中，用于给尸体降温，以防腐烂。

在西周时，掌管这一切事务的称为“凌人”。每到夏天，由凌人“颁冰掌事”，让男女老幼残疾者，皆可用冰。入秋后，凌人清扫凌阴，为来年藏冰做好准备。

可见，早在3000年前，中国人就已经会利用天然冰了。

## 薳子冯生病

如何巧妙利用天然冰，《左传》记载了一个有趣的故事。

楚康王想任命薳子冯为令尹（楚国最高军政长官）。可是，薳子冯知道楚康王生性多疑，怕自己握有兵权后引起他的猜忌，反而引来杀身之祸，于是前去请教老大夫申叔豫。

叔豫劝薳子冯不要接受任命，让他在家中装病。

楚康王听说薳子冯病了，立即派御医前去看望。

当时正值盛夏，酷热难当。医官看到薳子冯身上盖着两床丝棉被，并身裹裘衣，躺在床上，而且还不停地发抖。医官用手摸薳子冯，感到他全身冰凉，脉搏很弱。回去后，当即禀报楚王，薳子冯的确得了大病，于是楚王也不再追问。

也许有人会问：薳子冯服了什么药，使全身冰凉，在酷热的夏天又穿皮袄，又盖棉被，而不觉得热呢？

原来，秘密在床下。薳子冯事先让人在他的床下挖了一个坑，放入了大量的冰块，睡在床上就像今天躲在冰柜中，成功骗过了医官。

## 清凉一夏不是梦

由于需求越来越大，天然冰已经不能满足人们的需要，这时人们就开始想办法制造人造冰了，在没有先进科技的古时候，冰是怎么制造出来的呢？汉代的《淮南万毕术》一书中，就介绍了一种人工造冰的方法：将烧开的水倒进一个大瓮中，将瓮口塞紧，然后将瓮放入深井中。三天后，瓮里的水会变成冰。这是世界上最早关于制冰技术的记载。

清代乾隆掐丝珐琅冰箱

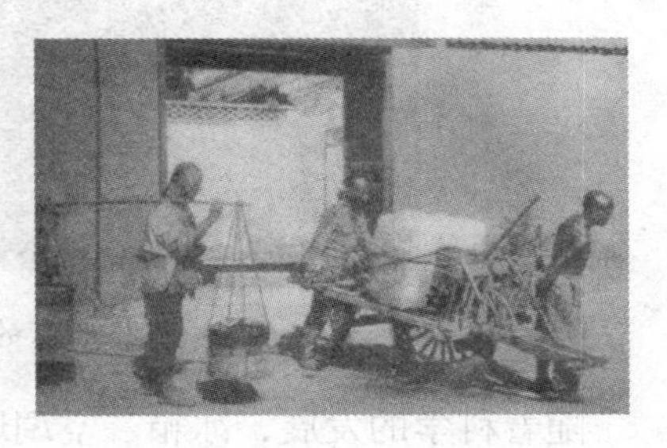

晚晴时期，冰块从冰窖里搬运出来

大约到了唐朝末期，人们在生产火药时开采出大量硝石，发现硝石溶于水时会吸收大量的热，可使水降温到结冰，从此人们可以在夏天制冰了。以后逐渐出现了做买卖的人，把糖加到冰里吸引顾客。到了宋代，市场上冷食的花样就多起来了，商人们还在里面加上水果或果汁。元代的商人甚至在冰中加上果浆和牛奶，这和现代的冰淇淋已是十分相似了。刨冰也已出现，商家用刨子刨出冰屑，拌以白糖和香料供人食用。

不过，能够经常享用冰块的，还是达官贵人。明清时期，北京的各衙署都分发皇帝赐给的冰块，从入伏一直持续到立秋。《燕京岁时记》里记载："京师自暑伏日起至立秋日止，各衙门例有赐冰。届时由工部颁给冰票，自行领取，多寡不同，各有等差。"这些冰块，通常都储藏在气温很低的冰窖里，长时间存放都不会融化。

老北京时冰窖分为两种，一为官办冰窖，一为民办冰窖。二者加起来，共有数十座。官办冰窖多为砖石砌筑的拱形地下冰窖，民办冰窖则皆为挖掘土坑，窖穴贮冰。官办冰窖又分两类，一类是直接为皇宫服务的御用冰窖，一类是为官衙或王府服务的吏用冰窖。

北京的老冰窖

随着科学的发展，冰箱、空调取代了天然冰的功能，冰窖便逐渐消失了。现如今，民办冰窖的遗迹无处可寻，官办冰窖至少还有 3 处尚完好保存着：一在紫禁城内；一在北海公园东门陟山门街雪池胡同，号称雪池冰窖；一在北海公园东夹道恭俭胡同五巷五号，号称恭俭冰窖。

天然冰带给人们的清凉记忆，已经变成了历史。

# 偶人：最古老的机器人

自古以来，人类一直希望制造一种像人一样能工作和思考的机器，以便代替人类完成各种复杂和繁重的工作。这种机器就是我们常说的机器人。如今，这个梦想正逐渐变成现实，各种各样的工业机器人正在生产领域大显身手，而家务机器人、娱乐机器人也已问世，开始走进普通家庭。也许就在不久的将来，机器人就像我们如今的电脑、手机一样，成为家庭生活的必备品。

一般都认为，世界上第一个机器人诞生在1959年的美国。实际上，人类制作机器人的历史十分久远，一直可以追溯到公元前1000多年的古代中国。据《列子·汤问》记载，周穆王时期有一位巧匠叫偃师，曾造出一位和常人的外貌极为酷肖的偶人。起初，周穆王还以为它是偃师的随从呢，经偃师再三解释，周穆王才惊讶地相信这是一个偶人。

这位偶人能歌善舞，几乎与真人无异。在歌舞结束后，还特地向周穆王的宠妃抛媚眼。本来心存疑虑的周穆王越发不相信它是偶人，下令当即将其剖开。等剖开后，发现它是由胶漆、黑白红蓝颜料组成的假人。

偃师发明的偶人，应该是历史上有记载的最早的机器人。这个偶人是否有那么神奇，后世无法考证，但足以证明那时机器人已经在我国出现了。随后，墨翟发明了“木鸢”，鲁班发明了木鸟，也都充分证明了我国劳动人民的聪明智慧。

能歌善舞的机器人西汉初年也出现过。据说汉高祖被匈奴单于冒顿围困在平城时，汉将陈平得知冒顿妻子阏氏是一个有很强妒忌心的女人，她率领的骑兵，是匈奴最为精锐的部队。于是，陈平心生一计，命工匠制作了一个精巧的木机器人，并给木机器人穿上漂亮的衣服，涂上胭脂彩粉，打扮得花枝招展，妩媚动人。

当阏氏带兵来到城下之时，陈平命人开动木机器人，让它在城墙上婀娜起舞。机器人优美的舞姿和楚楚动人的神态，让城下的阏氏和士兵看得目瞪口呆。生性多疑的阏氏顿生醋意，心想要是攻破城门，士兵们一定会将这位能歌善舞的美人送给冒顿，一旦她得宠，哪还有自己的出头之日？于是，阏氏当即调转马头，带兵弃城而去，平城这才化险为夷。

京剧木偶

由于种种原因，古代机器人的制作技术没有被保存下来，但是它所体现的古代人民的高度智慧，让后人叹为观止。

# 独轮车：山高路远任我行

独轮车俗称“手推车”，是一种轻便灵巧的运输工具，在中国交通运输史上起了非常重要的作用。别看独轮车只有一个车轮，容易倾覆，奇怪的是，古时候的中国人驾驭起来却非常轻松，用它载物载人，跋山涉水如履平地。想必它的发明者和使用者一定是个聪明大胆的机械工程师。

## 谁发明了独轮车

独轮车的第一个发明者是谁？人们立刻会想到三国时蜀国丞相诸葛亮。《三国志》确实记下“木牛流马，皆出其意”的文字。有专家推测，独轮车的前身很可能就是木牛流马。这种独轮车，与排子大车相比身形较小，在北方地区俗称“小车”；因其行驶时“叽咯叽咯”响个不停，在西南地区俗称“鸡公车”；又因其前头尖，后头两个推把如同羊角，在江南地区俗称“羊角车”。宋代高承所撰的《事物纪原》，也将独轮车的发明归功于诸葛亮。

木牛流马复原图

古时独轮车

《三国志》《三国演义》等书对木牛流马的记述可算是活灵活现，极为详尽，但令人遗憾的是，书中却没有留下木牛流马的制作原理和工艺。不过据史书记载，蜀国著名的钢铁冶炼技师蒲元曾上书诸葛亮，禀告造成木牛之事。故在诸葛亮之前，可能还有一些能工巧匠，已经掌握了制造独轮车的技术。

根据最新的考古资料证实，独轮车的发明时间可以上推到西汉末年。在四川成都一个建于公元 118 年的古墓中，完好地保存着一组壁画，上面绘有推着独轮车的人；在另一处汉朝墓地中，人们发现了刻有独轮车的砖石浮雕。

## 山高路远任我行

三国以后，独轮车在日常生活中得到了广泛应用。它可以在乡村田野间劳作，又方便在崎岖小路和山峦丘陵中行走，运输量比人力负荷、畜力驮载大过数倍。古时候，女子结婚后回娘家时，用的就是这种独轮车。丈夫推着车子，妻子坐在上面，就这样两人双双回到娘家。

宋应星在《天工开物・舟车》中，描绘并记述了南北方独轮车之驾法：北方独轮车，人推其后，驴曳其前；南方独轮车，仅视一人之力而推之。

得益于独轮车的便利，人们在总结使用经验的基础上，还不断对它进行改造。除人推畜拉之外，更有聪明的人在车架上安装风帆，利用风力推动车的前进。这种独轮车被称为“加帆车”，大约出现在公元 5 世纪。

独轮车在明末清初传到欧洲后，引起了巨大反响。17 世纪英国著名诗人弥尔顿在其长诗《失乐园》中，写下了“中国人利用风帆驾驶藤制的轻车”的诗句。

## 小车推出来的胜利

在中国历史上有名的淮海战役中，后方人民用独轮车向前线运送战争物资，场面宏大而壮观。人民的力量犹如大海，无穷无尽，保证了战争的全面胜利。战争结束后，陈毅元帅曾不无感慨地说，淮海战役是山东人民用小车推出来的。这里的小车，指的就是独轮车。

在近现代交通运输工具普及之前，独轮车作为经济实惠的运输工具，最受中国百姓的欢迎。直到现在，在我国一些交通不便的边远山区，独轮车还在默默地贡献着力量，成为一道靓丽的风景。

# 寻找会燃烧的石头

## 一

人类开发利用煤炭的历史，是工业文明和社会进步的历程。

“中国有一种黑石头，和别的石头一样从山上掘出，能够像木材一样燃烧。这种石头燃烧时没有火焰，只有在开始点火时，有一点火焰。如果你们夜间把它放在火里，这石头整夜在那里燃烧，一直到第二天早晨还不会熄灭……”这是意大利人马可·波罗所著游记中，对于中国“会燃烧的石头”的奇事所做的专门介绍。

《天工开物》中的煤矿开采场面

我国利用煤炭已有几千年的历史，是世界上发现和利用煤炭最早的国家之一。关于煤的最早的记录是在《山海经·五藏山经》一书中。书中写道：“女床之山，其阴多石涅。”其中的“石涅”，就是指煤炭。因为煤炭颜色黝黑，与石头形状相似，在中国古代又被叫作乌金石、黑丹等。魏晋时期称煤炭为石墨，唐宋时期为石炭，明朝始称煤炭。

## 二

我国开采和加工煤的历史由来已久，远在公元前500年的春秋战国时期，煤已成为一种重要产品。西汉时期，煤就经常被人们加工并用于工业。据考古发现，在我国汉代的冶铁遗址里发现了煤块，还有掺杂了黏土和石英制成的煤饼，即蜂窝煤。这一重要发现，说明在当时，煤已经用于工业，而且人们还会将开采出来的煤制成煤饼使用。

汉朝还有这样一件事，公元前180年，窦太后的弟弟窦广国带人进山采煤，在采煤的过程中发生了塌方事故，死了上百人，窦广国却幸免于难。当时一次采煤的人数就有百人，足可以说明汉朝的采煤业已经具有相当规模。

## 三

随着人们对煤的认识不断加深，煤炭成为人们生活中不可缺少的一部分。隋唐以后，煤的使用逐渐在民间流行起来，煤的开采地区也大大增加，仅在唐代，山西、辽宁、陕西、山东、河北、河南、湖北等多个地方都有煤炭开采的记录。宋以后，煤炭工业的发展更是达到了一个新的高度。

明代宋应星的《天工开物》，对地下采煤工艺和煤炭加工利用技术作了系统的总结。他书中写道："凡取煤经历久者，从土面能辨有无之色，然后掘挖，深至五丈许，方始得煤。初见煤端时，毒气灼人，有将巨竹凿去中节，尖锐其末，插入炭中，其毒烟从竹中透上。人从其下施䦆拾取取者。或一井而下，炭纵横广有，则随其左右阔取，其上支板，从防压崩耳。"

宋应星在《天工开物》中系统描述了采煤技术

这段文字详细描绘了找煤、开拓、支护、运输、提升、通风、排水、照明等技术，说明当时中国手工采煤技术日臻成熟。

## 四

煤炭工业的发展不仅体现在开采上，还体现在炼制工艺上。1958年，考古学家在河北的观台镇发现了3座宋、元时期炼焦炉遗址，由此证明我国是世界上最早炼制出焦炭的国家。

我国是最早掌握炼制焦炭技术的国家

在欧洲，有关煤炭的最早记载是在公元315年。13世纪以后，人们才知道开采煤炭，到18世纪，欧洲人用煤炭炼制出焦炭，比中国人足足晚了五六百年。

# 石油的开采和利用

作为现代工业的“能源霸主”，石油是各国经济发展都离不开的“工业血液”。尽管现在能源日益紧张，尽管“全球变暖”日益严重，尽管油价一再上升，但石油在工业中的统治地位依然无法动摇。人们很难想象，如果地球上的石油用完了，我们这个高速运行的世界会变成什么样子。

石油素有“黑金”之称

一

我国人民发现和使用石油的时间为世界最早。3000 多年前的《易经》里就有这样的描述：“泽中有火”“上火下泽”。泽，指湖泊池沼；“泽中有火”，是对石油蒸气在湖泊池沼水面上起火现象的描述。

最早认识石油性能和记载石油产地的古籍，是东汉文学家、历史学家班固。他在《汉书·地理志》书中写道：“高奴有洧水可燃。”高奴县指现在的陕西延安一带，洧水是延河的一条支流。这里明确记载了石油的产地，并说明石油是水一般的液体，可以燃烧。

最早采集和利用石油的记载，是南朝范晔所著的《后汉书·郡国志》。此书记载了延寿县（今甘肃省玉门一带）的一则消息：“县南有山，石出泉水，……然之极明，不可食。县人谓之石漆。”“石漆”，当时即指石油。

班固最早认识到石油是一种可以燃烧的液体

晋代张华所著的《博物志》和北魏地理学家郦道元所著的《水经注》，也有类似的记载。《博物志》一书既提到了甘肃玉门一带有“石漆”，又指出这种石漆可以作为润滑油“膏车”（润滑车轴）。这些记载表明，我国古代人民不仅对石油的性状有了进一步的认识，而且开始进行采集和利用了。

## 二

我国古代人民，除了把石油用于机械润滑外，还用于照明和燃料。唐朝段成式所著的《酉阳杂俎》一书，称石油为“石脂水”：“高奴县石脂水，水腻，浮水上如漆，采以膏车及燃灯极明。”可见，当时我国已应用石油作为照明灯油了。

随着生产的不断发展，古代人民对石油的认识逐步加深，对石油的利用日益广泛。到了宋代，石油能被加工成固态制成品石烛，且石烛点燃时间较长，一支石烛可顶蜡烛三支。宋朝著名的爱国诗人陆游在《老学庵笔记》中，就有用“石烛”照明的记叙。

石油还是我国古代最早使用的药物之一。明朝李时珍的《本草纲目》中曾记载，石油可以“主治小儿惊风，可与他药混合作丸散，涂疮癣虫癞，治铁箭入肉”。

## 三

早在1400年以前，我国古代人民就已看到石油在军事方面的重要性，并开始把石油用于战争。《元和郡县志》中有这样一段史实：

唐朝年间（578），突厥统治者派兵包围攻打甘肃酒泉，当地军民把“火油”点燃，烧毁敌人的攻城工具，打退了敌人，保卫了酒泉城。石油用于战争，大大改变了战争进程。因此到了五代，石油在军事上的应用渐广。后梁时，就有把“火油”装在铁罐里，发射出去烧毁敌船的战例。我国古代许多文献，如北宋曾公亮的《武经总要》，对如何以石油为原料制成颇具威力的进攻武器——“猛火油柜”，有相当具体的记载。北宋神宗年间，还在京城汴梁（今河南开封）设立了军器监，掌管军事装备的制造，其中包括专门加工“猛火油柜”的工场。据康誉之所著的《昨梦录》记载，北宋时期，西北边域“皆掘地做大池，纵横丈余，以蓄猛火油”，用来防御外族统治者的侵扰。

此外，我国古代在火药配方中，开始使用石油产品沥青，以控制火药的燃烧速度。这一技术，比外国早了近1000年。

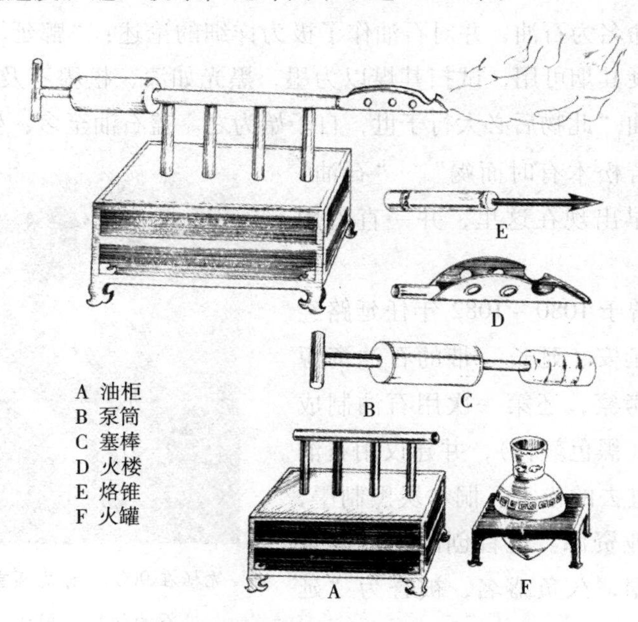


宋朝的喷火武器——猛火油柜构造图

猛火油柜以石油为燃料



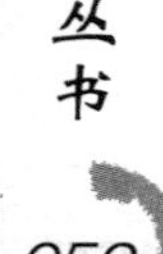



## 四

最早给石油以科学命名的是我国宋代著名科学家沈括。他在百科全书《梦溪笔谈》中，把历史上沿用的石漆、石脂水、火油、猛火油等名称统一命名为石油，并对石油作了极为详细的论述：“鄜延境内有石油……予疑其烟可用，试扫其煤以为墨，黑光如漆，松墨不及也。”他还预言石油“此物后必大行于世，自予始为之。盖石油至多，生于地中无穷，不若松木有时而竭”。“石油”一词，最早出现在这里，并一直沿用至今。

沈括在900年前就预言了石油的巨大用途

沈括曾于1080～1082年任延路经略使，对延安、延长一带的石油资源亲自作了考察，还第一次用石油制成石油炭黑（黑色颜料），并建议用石油炭黑取代过去的松木、桐木炭黑制墨，以节省林业资源。他首创的用石油炭黑制作的墨，久负盛名，被誉为“延川石液”。

900 年前，我国人民对石油就有了这样的评价，这在世界上是罕见的，尤其是对未来石油潜力的预言，更是难能可贵的。

## 五

我国明代以后，石油开采技术逐渐流传到国外。明朝科学家宋应星的科学巨著《天工开物》，把长期流传下来的石油化学知识作了全面的总结，对石油的开采工艺作了系统的叙述。全书 18 卷，图文并茂，出版于明末崇祯十年，即 1637 年，是当时世界上仅有的一部工艺百科全书。

它的问世，使后人受益良多。我国古代石油开采的许多技术环节和技术项目，皆有赖于此书而得以流传。《天工开物》16 世纪末传到日本，18 世纪传到欧洲，19 世纪上半叶起，陆续出现了欧洲文字节译本，1869 年出现了比较详细的法文节译本。20 世纪后半叶以来，全部被译为日、英、俄文，成为世界科技史的名著之一。难怪有的国家石油技术资料也公认，我国早在公元 1100 年就钻成了 1000 米的深井。说明在那时，我国的石油钻井技术就达到了比较高的水平。

# 钢铁是这样炼成的

## 天外飞石

铁走入人们的生活实属偶然。在古代，当陨石划破夜晚的星空，降落在地球上后，人们发现陨石上的金属特别坚硬，如果把它做成刃具，特别锋利，于是人们称它为“铁”。早在《诗经》和《札记》里，就曾多次出现铁字，如“驷驖孔阜”“孟冬驾驖骊”驖等。据说，那时的人们常把陨石镶在青铜刀刃上以增其利，并四处寻找陨石。

天上掉下的“铁”毕竟有限，远满足不了人们对铁的需要。于是，人们找到了和陨铁外部特征相似的矿石，开始炼铁。铁从此走进了人类文明。

中国先民用铁
是从陨铁开始的

中国最先出现铁的冶炼技术并不是偶然的，商周时期我国的青铜冶炼技术高度发达，人们已经掌握了高温冶炼技术。同时，铜铁矿石总是共生的，人们在青铜的冶炼过程中也了解了铁的性质，为以后的铸铁技术提供了前提条件。另外，我国最早发明的鼓风机，对生铁的冶炼也有很大的影响。铸铁技术需要高温条件，而鼓风机增加了燃料燃烧的强度，升高了炼铁炉中的温度。这都为铸铁的产生创造了条件。

## 浇注生铁

春秋中期，我国就已经发明了生铁冶炼技术，人们把铁矿石放在炉中加热，当温度足够高的时候，铁矿石就变成液体，铁被还原出来，可以直接浇注成型，所以生铁又叫铸铁。

生铁问世以后，由于含碳量高，韧性不够，容易断裂，所以铁制工具并没有得到普遍应用。战国时期，人们对铸铁技术进行了探索，掌握了生铁的脱碳处理技术——铸铁柔化术。这种技术是将生铁铸成要求的形状，放入特制的火炉中，在氧化条件下经过长时间的加热保温，脱掉生铁中的部分碳。这种技术改变了生铁的性质，使生铁变成了具有韧性的铸铁。

古人炼铁场面

人们还发现，氧化条件不同，得到的铸铁也不同。一种是在充分氧化条件下对生铁进行脱碳热处理，使之成白心韧性铸铁；另一种是在中性或弱氧化条件下，对生铁进行石墨化热处理，生成黑心韧性铸铁。

战国以后，铁器推广到社会生活的各个方面，成为人们生活中必不可少的工具。

在欧洲，铸铁术的发明要比中国晚得多。在西南亚和欧洲等地区，直到 14 世纪才炼出生铁；1722 年，法国人才描述了白心韧性铸铁的生产技术，而黑心韧性铸铁直到1831年才在美国问世。

中国的铸铁技术是世界冶金史上的一个重大发明，对冶金业的发展做出了重大贡献。

## 百炼成钢

生铁被发明以后，因为它含碳量高，质脆容易断裂，人们就对它进行了很多改进，在《浇注生铁》一文中已经做了解释，但是，对生铁的冶炼技术的创新还不止于此，人们开始把铁炼成钢。

其中一项杰出的技术就是炒钢，它是古代把生铁炼成钢或熟铁的主要方法。用这种方法在冶炼的过程中，需要不停地搅拌，就像厨师在炒菜一样，因此被形象地称为炒钢。炒钢工艺操作简便，可以连续大规模生产，效率高，所得钢材或熟铁的质量高，这在冶金史上具有重大意义。

百炼钢也是一种古老的炼钢工艺，其特点就是反复加热锻打。生铁或炒钢只有经过反复锻打，才能排除钢中的杂质，从而使钢的成分趋于均匀，组织趋于细密，性能得到提高。

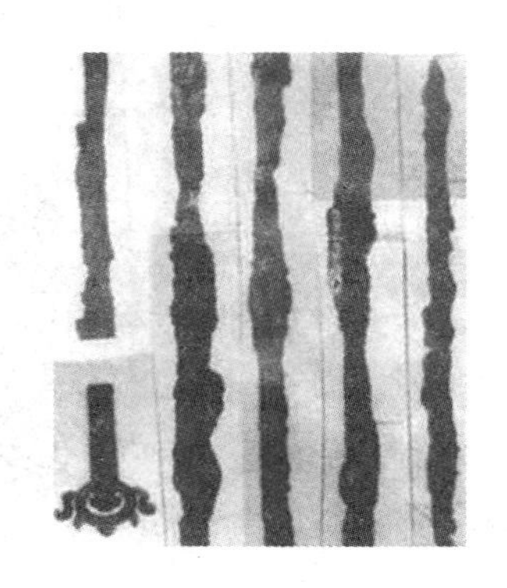

东汉墓地出土的百炼钢文物

西晋刘琨《重赠卢谌》的两句诗中写道：“何意百炼钢，化为绕指柔?”钢铁也可以柔软到“绕指柔”，这并不是古代中国人民的一种想象，而是中国古代的冶炼方法的确已经达到了这个高度。后来的“百炼成钢”“千锤百炼”等成语，就是从这里得出的。

百炼钢在东汉时就已经问世了。在山东临沂地区苍山汉墓中，出土了一把长达1.115米的钢刀，经专家鉴定，此刀锻造于东汉永初六年(112)，这是迄今为止发现的最早的百炼钢产品。

魏晋时期是百炼钢发展的鼎盛时期。由于百炼钢的强度非常适合打造兵器，所以在这一时期，出现了很多有名的刀剑。曹操曾命工匠打制了5把“百辟刀”，这5把刀做工精良，工匠历时3年才完成。“百辟刀”锋利无比，可以“陆斩犀革，水断龙舟”。三国时的孙权直接以“百炼”命名自己的宝刀，可见在那个时候，百炼钢已经相当普遍了。

百炼钢虽然质量很好，但是需要经过千锤百炼，非常浪费时间和材料，成本很高，不能大量生产。唐代以后，有关百炼钢的记载减少了，但是这一技术仍然在流传。

在西方，直到1856年才开始用生铁炼钢，比中国晚了2000年左右。

# 深井钻探

## 一

在我国重庆市附近的长江流域，4000多年前曾生活一个民族叫“巴人”。这是一个勤劳勇敢、能歌善舞的民族，曾创造过辉煌灿烂的文化。不过令人费解的是，在2000多年前，这个民族却突然神秘地消失了……

没有人说得清这个民族是如何消失的。据说这个民族不织布、不耕作，却有衣穿、有粮吃，而且富甲一方。他们之所以这么富有，是因为当地盛产一种井盐。

古人钻井取盐的场面

井盐，就是从深井中打上来的盐。在那个年代，盐对人们的生活非常重要，就像今天的石油已成为许多国家的命脉一样，盐也成了那时一些地区的主要资源。因此，打深井找盐并出售，是利润非常丰厚的行当。

可打井找盐不是一件容易的事，运气好，也许井只需钻十几米深就能找到盐；运气不好的，可能打上百米深也难见盐的影子。正是在打井找盐的过程中，人们发明和改良了深井钻探技术。

有记载的钻井技术在中国可上溯到公元前4世纪。李约瑟博士曾对此评价说："今天深井探勘技术可以肯定地说，是中国人发明的。"不仅如此，就连西方近代发明的连杆式钻井技术和现代化旋转钻头技术，在中国古代都有应用。西方的深井钻探技术，完全可以说是从中国传过去的。

## 二

现在很难考证，处于内陆的巴蜀人是什么时候发现他们脚底下蕴藏着丰富的盐矿的。这些已不重要，对他们来说，以后再也不用从沿海地区千里迢迢运来食盐了，我们都知道，蜀道难，难于上青天。四川的岩盐主要集中在一个地区，这就是有"盐都"之称的自贡，历史上它曾井架林立，遍地开花。

最初的盐井均为大口浅井，人们挖开表层不久就能找到盐。到了汉代，盐井多为小口深井，要找到盐可就不那么容易了。随着钻井深度不断加深，钻透盐层是经常发生的事。盐层下面是什么呢？天然气。人们很快认识到这种气体的用处，用它作燃料煮卤水既方便又经济，真是一举多得。

四川自贡盐矿的井架遗址

可以这么推断，天然气就是人们在深井探盐中，伴随制盐业同步发展起来的。要开凿深井就必须有优良的钻井设备。首先要解决的难题当然是钻头，所幸的是中国在战国时期就出现了铁制品，到汉代钢也出现了，这为改良钻头带来很大便利。第二个要解决的难题是动力，毕竟井越深，所需的动力越大。这也难不倒聪明的古人，因为他们早就用上了杠杆原理。利用杠杆，人们很轻松地将钻头抬起，然后狠狠砸下去，他们只需在另一端跳上跳下，如此简单而已。

钻井时用来提升钻头的缆索是竹缆，它的强度远超麻绳，与现代的钢索相当。而且竹子的柔韧性很好，可以十分方便地绕在钻头提升轮上。当然，竹缆还有一个巨大的优点，就是水湿后它的强度增加。有专家指出，古代欧洲人之所以在开发深井钻探技术上没有取得成功，原因就在于欧洲没有类似竹子一类的材料。

该说钻头了。古人的钻头有两种，一大一小，大钻头长达 3 米、重达 140 千克，主要用来冲击岩石；小钻头不到 1 米长，重量也只有几十千克，主要用来扩大大钻头钻的孔。

在钻井过程中，还存在一个问题，即如何把几十米深的碎石、泥浆提上来呢？其方法是利用双动式活塞风箱为泵，通过中空的竹竿将碎石和泥浆抽上来。

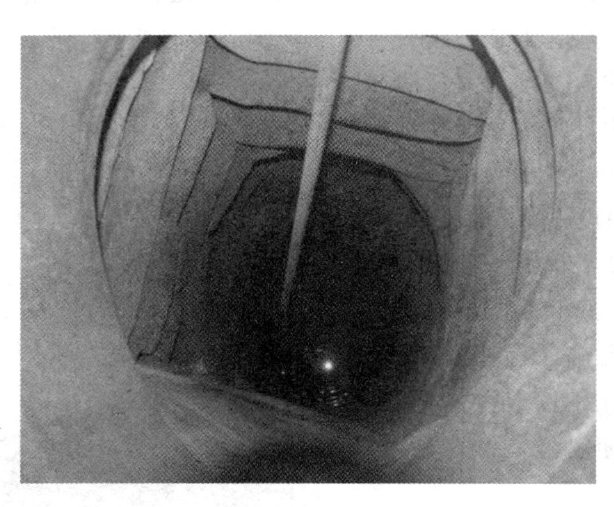

幽深的盐井

在不断的劳动实践中，我国古代的钻井技术不断获得突破，不论是用于取盐水还是天然气，中国的钻井越来越深。据资料记载，在清乾隆年间，四川的自贡就有许多深达 530 米的天然气井，至于深达 1000 米的井也常常出现，最深的纪录竟然超过了 1500 米。有人统计，仅在今天的四川和重庆地区，古代中国人就打了1万多口盐井，深度都超过500米，这是一个相当惊人的数字。

## 三

直到17世纪，欧洲才开始了解中国的深井钻探技术，而将这些技术完整地介绍到欧洲，已是1828年后的事了。

一位叫英贝尔的法国传教士，曾向法国科学院写了一封信，详细介绍了他亲眼看到中国人用周长10多米的轮子，转动50圈后，才提取一桶盐水的情形，由此可见盐井足有600多米深。于是，法国工程师巴德依中国人的方法，于1834年成功地钻出了盐井，1841年后又开凿了油井。随后在1859年，美国上校德莱克也用中国的竹缆方法，在宾夕法尼亚州的石油湾开凿了美国的第一口油井。

现代化的钻探设备

到了20世纪初，中国的深井钻探技术已逐渐获得世界的认同，为现代石油工业的飞跃发展奠定了技术基础。完全可以这么说，现代石油工业是建立在比西方领先1900年的中国深井钻探技术的基础上的。

# 趣话吊桥

## 一

在现代各种类型的桥梁中，没有什么能像斜拉索吊桥那样更富有观赏性了，它们横跨在大江大河之上，雄伟挺拔，令人叹为观止。你也许不知道，它们的制造原理基本上还是延续2000多年前中国吊桥的原理，只不过是材料换了而已。

现代人很难想象，古代中国的吊桥会是什么样子，它是用什么材料做成的。当你看到“竹子”这个词时，不知是否会心生惊讶。

不错，正是用竹子，公元前3世纪的李冰在蜀郡修建了安澜桥。提及李冰的大名，人们马上会联想到都江堰，这座历经2000多年，在最近的汶川大地震中经受了巨大考验的宏伟工程，相比于万里长城一点也不逊色，而且它所创造的经济价值，可以说是万里长城无法相比的。

不在此评说都江堰的历史意义了，也不用再费笔墨去赞叹李冰的伟大。在此只说说他创造的另一项鲜为人知的奇迹——吊桥。

## 二

被考证为人类最早修建的竹缆链桥的安澜桥，是一座没有任何金属材料的吊桥，全长320米，有8个孔。使人惊讶的是它的缆索全是竹子做的，以竹子为内芯，外边包着从竹子外层劈下的竹条（篾片）编成的“辫子”。辫条编法能使篾片将内芯缠得很紧，从而大大增强缆索的强度，即使内芯断裂了，辫条也不会很快散开，大大增加了安全性。据专家测算，约7厘米粗的普通麻绳应力为600千克/平方厘米，而竹缆的应力为1800千克/平方厘米，就是如今的普通钢缆，应力也不过4000千克/平方厘米，因此竹缆是相当结实可靠的，完全不必担心其安全性。

继竹吊桥后，随着铁链悬吊技术的发明，中国人又发明了铁吊桥，还可以通行车辆。1655年，到中国访问的西方人马丁·马蒂尼曾描述过贵州境内一条河上的铁索桥，并辑入当时有名的巨著《中国图集新编》中。

安澜桥是我国著名的五大古桥之一

## 三

现存最长的铁链吊桥，就是见证中国工农红军长征的泸定桥。它位于中国四川省西部的大渡河上，始建于清康熙四十四年，建成于康熙四十五年（1706）。康熙御笔题写“泸定桥”，并立御碑于桥头。整座桥长103米，宽3米，13根铁链固定在两岸桥台落井里，9根作底链，4根分两侧作扶手，共有12164个铁环相扣，全桥铁件重40余吨。

走在桥上，俯瞰波涛汹涌的大渡河，现代人很难想象：当年的工匠是怎样把这么沉重的铁链拉过河铺成铁索桥的呢？相传修桥的时候，13根铁链无法牵到对岸，用了许多方法都失败了。有一天，来了一位自称噶达的藏族大力士，两腋各夹一根铁链乘船渡河安装，当他运完13根铁链后，因过于劳累不幸死去。后来当地人特地修建了一座庙宇，以纪念这位修桥的英雄。

当然，传说终归是传说。实际上在修建此桥时，荥经、汉源、天全等县的能工巧匠云集于此，共商牵链渡江之计。最后采用了索渡的原理，即以粗竹索系于两岸，每根竹索上穿有十多个短竹筒，再把铁链系在竹筒上，然后从对岸拉动原已拴好在竹筒上的绳索，如此这般，巧妙地把竹筒连带铁链拉到了对岸。在这里，我们看到的是古代劳动人民智慧的光芒。

巧夺天工的泸定桥

泸定桥两岸的桥头堡为木结构古建筑，风貌独特。自建成以来，泸定桥一直为四川入藏的重要通道和军事要津。1935 年 5 月 29 日，中国工农红军长征途经这里飞夺泸定桥而使该桥闻名中外。

1741 年，西方修建成了第一座吊桥——温奇桥，它跨于英格兰的提兹河上，只有缆索而没有桥面供车辆通行。1809 年，欧洲才建成了第一座可供车辆通行的吊桥，比中国晚了 1800 多年。

# 从雕版印刷到活字印刷

纸的诞生，为社会提供了优质、轻便、廉价的书写材料，人们开始抄书，在很大程度上促进了书籍的发展。但是，手抄书籍费时费力，效率低下，经常出现文字错漏现象，不利于文化的快速传播。在这种情况下，印刷术便应运而生了。

印刷术的发展分为两个阶段，先是雕版印刷术，后是活字印刷术，都是由中国人最早发明的。

## 雕版印刷术的发明

我国很早以前就有在石上刻书的传统，古代的石刻文字历史久远、数量繁多，反映出我国古代精湛而娴熟的文字雕刻技艺。最著名的石刻文字有先秦的《石鼓文》、秦划石、《熹平石经》、三国时魏《正始石经》等。这种在石上刻字的方法，促进了雕刻技术的发展。手工雕刻技术逐渐由简陋、粗糙的刻画，向复杂、精致、规范的镌刻方向发展。到南北朝时，出现了反字石刻和凸字石刻，与印版的雕剥工艺更为接近。

大约在公元3世纪时，随着纸、墨的出现，印章也开始流行起来。公元4世纪东晋时期，石碑拓印技术得到了发展，它把印章和拓印结合起来，把印章扩大成一个版面，蘸好墨，仿照拓印的方式，把纸铺到版上印刷，这就是雕版印刷的雏形。

大约在公元7世纪前期，世界上最早的雕版印刷术在唐朝诞生了。雕版印刷需要先在纸上按所需规格书写文字，然后反贴在刨光的木板上，再根据文字刻出阳文反字，这样雕版就做成了。接着在版上涂墨，铺纸，用棕刷刷印，然后将纸揭起，就成为印品。

雕刻版面需要大量的人工和材料，但雕版完成后一经开印，就显示出效率高、印刷量大的优越性。我们现在所能看到的最早的雕版印刷品，是在敦煌发现的印刷于公元868年的唐代《金刚经》，印制工艺非常精美。而欧洲最早的雕刻印刷品，是德国南部的《圣克利勘斯托菲尔》画像，不过它的时间已是公元1423年了，比我国晚了近600年。

雕版印刷比起手工抄写，是一个很大的进步。一部书只要一次制版，就可以印刷很多部，使大批量印书成为可能，对文化的传播起到了很大的促进作用。

但雕版印刷依然有不少缺点：一是雕刻太耗费时间和精力，尤其是雕刻字数多的书籍，往往需要花费更长的时间。如宋代的《大藏经》，光雕版就花了好几年时间，用的版达13万块之多，工作量之大可想而知；二是存放版片要占用很大的地方，而且常会因变形、虫蛀、腐蚀而损坏。印量少而不需要重印的书，版片就成了废物。此外，雕版一旦发现错别字，改起来很困难，常需整块版重新雕刻。

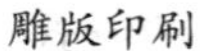
雕版印刷

雕版印刷流程

## 毕昇的伟大贡献

由于雕版印刷术存在种种不足，聪明的祖先自然就会想方设法去改进它，于是活字印刷术便出现了。

北宋平民发明家毕昇总结了历代雕版印刷的优缺点，经过反复试验，在宋仁宗庆历年间（1041～1048）制成了胶泥活字，实行排版印刷，完成了印刷史上一项重大的革命。

毕昇的方法是这样的：用胶泥做成一个个规格一致的毛坯，在一端刻上单个反字，用火烧硬，成为单个的胶泥活字。为了适应排版的需要，一般常用字都烧制几个甚至几十个，以备同一版内重复的时候使用。遇到不常用的冷僻字，如果事前没有准备，可以随制随用。

毕昇为便于拣字，把胶泥活字按韵分类放在木格子里，贴上纸条标明。排字的时候，用一块带框的铁板作底托，上面敷一层用松脂、蜡和纸灰混合制成的药剂，然后把需要的胶泥活字拣出来一个个排进框内。排满一框就成为一版，再用火烘烤，等药剂稍微熔化，用一块平板把字面压平，药剂冷却凝固后，就成为版型。印刷的时候，只要在版型上刷上墨，覆上纸，加一定的压力就行了。

毕昇

为了可以连续印刷，毕昇用两块铁板，一版加刷，另一版排字，两版交替使用。印完以后，用火把药剂烤化，用手轻轻一抖，活字就可以从铁板上脱落下来，再按韵放回原来的木格里，以备下次再用。

毕昇的胶泥活字版印书方法，如果只印两三本，不算省事，如果印成百上千份，工作效率就极其可观了，不仅能够节约大量的人力物力，而且可以大大提高印刷的速度和质量，比雕版印刷要优越得多。活字版印完后，可以拆版，活字可重复使用，且活字比雕版占用的空间小，容易存储和保管。这样活字的优越性就表现出来了。

毕昇的发明，使“死版”变成“活字”，这在人类印刷史上是一个根本性的变革，为人类文化做出了重大贡献。直到电脑排版技术出现之前，印刷术的改进还没有脱离毕昇的基本思路。

## 活字印刷的深远影响

可惜的是，毕昇的发明并未受到当时统治者和社会的重视。他死后，活字印刷术仍然没有得到推广，他创造的胶泥活字也没有保留下来，但是他发明的活字印刷技术，却流传下去，被完整地记录在北宋科学家沈括的名著《梦溪笔谈》里。1965 年，人们在浙江温州白象塔内发现的《佛说观无量寿佛经》，经鉴定为北宋元符至崇宁年间（1100 ~ 1103）活字本。这是毕昇活字印刷技术的最早见证。

到了元代，著名学者王祯研制出木活字印刷术。他留下一部总结古代农业生产经验的著作——《农书》，关于木活字的刻字、修字、选字、排字、印刷等方法，都附在这本书内。

我国的木活字印刷技术，向东传入朝鲜、日本，向西经波斯、埃及传到欧洲。1450 年前后，德国的谷登堡受中国活字印刷的影响，用合金制成了拼音文字的活字，用来印刷书籍。

印刷技术传到欧洲后，加速了欧洲社会的发展进程，为文艺复兴的出现提供了条件。马克思把印刷术、火药、指南针的发明，称为“资产阶级发展的必要前提”。

活字印刷

# 蔡伦造纸

大约在6000年前，我国出现了最早的文字。文字出现了，就得用东西来记录它。我们的祖先用兽骨、龟甲、石头来刻字，也就是我们现在所说的甲骨文和石鼓文。

在龟甲和石头上刻字，是十分费力费神的事情，于是竹简和木牍出现了。中国最古老的书籍，就是用竹简或木牍穿在一起制成的。不过由于这种材料制成的书籍分量重、体积大，想阅读或携带可不是一件容易的事。据说西汉的东方朔曾向皇帝提交一份建议书，居然耗费了3000片竹简，由两个强壮的侍卫抬到大殿上的。

为了减轻书写材料的重量，人们又开始将丝绸作为文字的载体。可是由于丝绸价格不菲，很难得到推广，人们急需一种新的书写材料。

## 蔡伦的伟大贡献

我国汉代的思想文化十分活跃，对传播工具的需求十分迫切。当时，养蚕取丝的方法已经普及。人们把煮好的蚕茧用棍子敲烂，铺在席子上，就成了丝绵。把丝绵取下后，将留在席子上的一层薄薄的纤维晒干，就成了纸。有人发现，这种丝纸可以书写文字，用起来比竹简方便多了。不过，这种丝纸还不是真正的纸，而且这种纸的原材料是丝，产量少，价钱昂贵，一般人用不起。

如何才能生产出好用而且不贵的纸张呢？东汉的宦官蔡伦一直在思

考这个问题。

一天，蔡伦带着几名太监出了洛阳城巡游，走到休水（今马涧河）边上正要渡河时，忽见水中积聚了一簇枯枝，上面挂浮着一层薄薄的白色絮状物，连忙问询河边农夫那是何物。农夫说："这是涨河时冲下来的树皮、烂麻，扭一块儿了，又冲又泡，又沤又晒，就成了这烂絮！"

蔡伦的大脑顿时灵光闪现，他命太监找来皇家作坊中的技工，就地开始试制纸张。工匠们找来石臼、竹帘、筛网等工具，在蔡伦的指挥下，热火朝天干起来。他们用石臼捣碎树皮，再用筛网反复过滤，再捣碎，制成稀浆，捞出后在竹帘或筛网上摊成薄薄的一层，等晾干后揭下，便造出了最初的纸。

这种纸张一经试用，发现比较粗糙容易破烂。蔡伦又命人将破麻布、烂鱼网捣碎成麻缕，甚至将制丝时遗留的残絮，掺进浆中。把这样制成的浆摊平、碾实和晾干后，便不容易扯破了。蔡伦带领众工匠一连干了数日，造出十数张比较满意的纸张，这才回到京城。

这种纸体轻质薄，没有帛白但也很洁净，质地很均匀，很光滑，非常适合写字。元兴元年（105），蔡伦把他制造出来的一批优质纸张献给汉和帝刘肇。和帝很高兴，对蔡伦勉励了一番，命他继续研制并大规模生产。

于是，蔡伦在洛阳郊外的洛河边建起了造纸坊，招募了一批工匠。他在总结前人造纸经验的基础上，改进了生产工艺，先把树皮、麻头、破布等原料剪碎或切断，加入生石灰，放在水里浸泡，再用大锅蒸煮，打成细浆后，在方框固定的竹帘篾片上摊成平展的薄片。

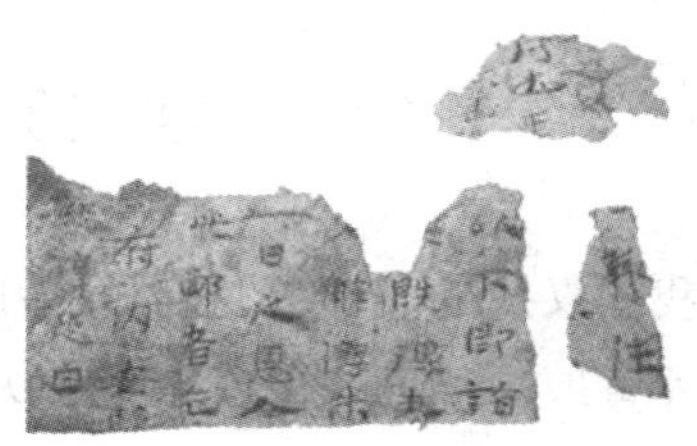

蔡伦纸

在蔡伦的指挥下，大家盖起了烘焙房，在房里生起炉火，把湿纸贴上墙，不仅干得快，而且非常平整。蔡伦几经试验，终于第一次造出一大批纸。这种纸既白又轻，又有韧性，实在是前所未见的好东西。蔡伦见了爱不释手，再次把造出的一大批纸献给了皇帝和邓皇后。皇帝龙颜大悦，封蔡伦为"龙亭侯"，赐地三百户，不久又加封为"长乐太仆"（封地在今陕西洋县），并敕令造纸术在全国推广。于是，世人称这种纸为“蔡侯纸”。

和帝死后，邓皇后垂帘听政，她让蔡伦主持宫廷所藏经书典籍的校订和抄写工作，形成了大规模的用纸高潮。从此，纸本书籍成为传播文化的最有力的工具。

到公元三四世纪时，纸就基本取代了简帛，成为唯一的书写材料，也因此才有了后来西晋“洛阳纸贵”的传说故事。

## 造纸术的传播

在蔡伦改进造纸术后不久，大约公元四世纪末，朝鲜半岛的百济在中国人的帮助下学会了造纸，不久高句丽、新罗也掌握了造纸技术。西晋时，越南人也掌握了造纸技术。公元610年，朝鲜和尚昙征渡海到日本，把造纸术献给日本摄政王圣德太子，圣德太子下令全国推广，后来日本人民称他为纸神。

中国的造纸技术也传播到了中亚的一些国家，并通过贸易传到了印度。造纸术传入阿拉伯是在公元751年。那一年，唐朝军队与阿拉伯军发生战争，一些被俘的唐军士兵被带回了阿拉伯，他们当中有的是造纸工人。这些中国人在当时的中亚重镇撒马尔罕建起了生产麻纸的造纸场，从此，撒马尔罕成为阿拉伯人的造纸中心。10世纪，造纸技术传到了叙利亚、埃及和摩洛哥。

欧洲人是通过阿拉伯人了解造纸技术的。公元1150年，阿拉伯人在西班牙的萨狄瓦建立了欧洲第一个造纸场。1276年，意大利的第一家造纸场在蒙地法罗建成，生产麻纸。法国于1348年在巴黎东南的特鲁瓦附近建立造纸场，此后又建立几家造纸场，不仅国内纸张供应充分，而且还向德国出口。德国直到14世纪才有自己的造纸场。英国因为与欧洲大陆有一海之隔，造纸技术传入比较晚，15世纪才有了自己的造纸厂。到了17世纪，欧洲主要国家都有了自己的造纸业。

美洲大陆的第一家造纸厂出现在墨西哥，由西班牙移民在1575年建立。美国在独立之前，于1690年在费城附近建立了第一家造纸厂。到19世纪，中国的造纸术已传遍五大洲各国。

为了解决欧洲纸张质量低劣的问题，法国财政大臣杜尔阁曾希望利用驻北京的耶稣会教士刺探中国的造纸技术。乾隆年间，供职于清廷的法国画师、耶稣会教士蒋友仁将中国的造纸过程画成图寄回了巴黎，中国先进的造纸技术才在欧洲广泛传播开来。1797 年，法国人尼古拉斯·路易斯·罗伯特成功地发明了用机器造纸的方法，从蔡伦时代起中国人领先近 2000 年的造纸术终于被欧洲人超越。

描绘用竹子造纸的古画

蔡伦的造纸方法，是中国古代四大发明之一，对人类文明做出了巨大的贡献。美国人麦克·哈特在《影响人类历史进程的 100 名人排行榜》中，将蔡伦排在第七位，远远排在哥伦布、爱因斯坦、达尔文之前。2007 年，美国《时代》周刊评选和公布人类“有史以来最佳发明家”，蔡伦又榜上有名。2008 年北京奥运会开幕式，也表演了古代大规模造纸的场面，展示了中国四大发明非凡的魅力。

# 长江的卫士——三峡船闸

2003 年 6 月，我国当今最大的水利工程——三峡大坝开始下闸蓄水。其中，永久船闸就是创造当今船闸世界之最的双线五级船闸。据介绍，三峡工程在修建船闸时，借鉴了世界上很多优秀船闸的经验，修成的船闸上下落差达 113 米，是现今世界上落差最大的船闸。

大家在赞叹这一宏伟工程的时候，也要了解一下历史。中国是世界上最早修建船闸的国家，并且成功地把它运用在了运河上。

壮观的五级船闸

船闸，又称“厢船闸”，它利用两端闸门升降航道内的水位，使船舶克服航道上的集中水位落差。船只上行时，先将闸室泄水，等室内水位与下游水位齐平时，开启下游闸门，让船只进入闸室，随即关闭下游闸门，向闸室灌水，到闸室水面与上游水位齐平时，打开上游闸门，船只驶出闸室，进入上游航道。下行时顺序相反。

世界上最早使用船闸的运河是灵渠。灵渠于公元前 214 年正式通航，它联结了湘江和漓江，沟通了长江和珠江两大水系。在灵渠的修建过程中，为了解决河道内水位落差大的问题，古代的劳动人民发明了“斗门”。所谓斗门，就是在运河两岸各用巨石垒成一个半月弧形的基座，弧顶两两相对，使河道变窄，借以提高水位，可以堵，也可以放。斗门类似于现在的单门闸，是现代船闸的雏形。现在也有人把灵渠称作

“中国和世界上最早的船闸式运河”。

但是斗门的修建有很大的弊端：斗门一般宽 5 米，只容一船通过。当有多船通过时，往往要等很久，这就给不法分子提供了很大方便，他们经常抢劫过路船只，甚至还组成一些团伙，抢劫朝廷的粮船。

公元 983 年，乔维岳被任命为淮南转运副使。当时，运往朝廷中心粮仓的粮食要经过淮河，时常遭到劫掠。为了解决粮食被劫问题，乔维岳发明了运河船闸——二斗门，也就是复闸。两闸间隔大约 50 步（约合今制 83 米），垂直升降，交替启闭，两个闸门之间的水被关起来，形成一个缓冲段，既提高了运河的河运能力，又克服了船经过时缓慢和危险的缺点。这种闸门首先在西河（淮阴附近）修建，建成以后，运河通畅，丢失粮食的现象也消失了。

船闸开启时的场景

乔维岳发明的船闸使真正的越岭运河成为可能，是现代水闸的原型。它不仅解决了运输问题，更重要的是它还具有防洪抗洪的能力。欧洲直到 1375 年才建成第一个垂直升降的“塘闸”，比乔维岳晚 389 年。

由于社会变迁，中国的运河船闸后来大部分被弃之不用了，运输开始转为海运，古运河的船闸也由于年久失修逐渐衰落。现代运输业的兴起，使得船闸在现代水利建设方面发挥了巨大作用，这是中国对世界的又一重要贡献。

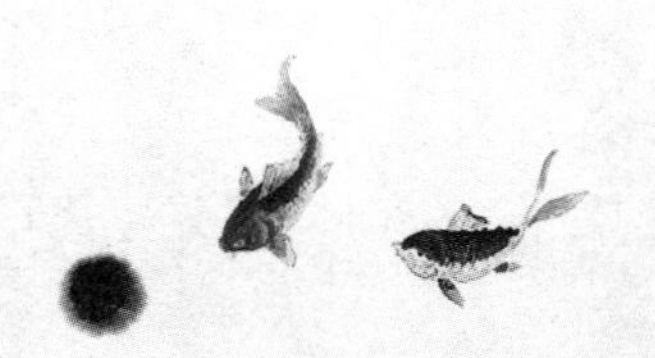

# 生活妙助

# 最早的纸币——交子

中国是世界上使用货币较早的国家。根据文献记载和大量的出土文物考证，我国货币的起源至少已有4000年的历史，从原始贝币到布币、刀币、蚁鼻钱以及秦始皇统一中国之后流行的方孔钱，中国货币文化的发展可谓源远流长。





## 一

我们在看古装戏和历史剧时，常常会见到这样的镜头：人们在买卖商品的时候，会拿出银两和钱币进行结算。如果要出远门，或者购买价格比较高的商品，就需要拿包裹、箱子装运钱币，不仅携带起来非常沉重，而且也不安全。如果那时候要有纸币，就方便多了。

事实上，我国是世界上最早发明和使用纸币的国家。中国最早的纸币可以追溯到汉武帝时的“白鹿皮币”和唐代宪宗时的“飞钱”。汉武帝时期因长年与匈奴作战，国库空虚，为解决财政困难，在铸行“三铢钱”和“白金币”（用银和锡铸成的合金币）的同时，又发行了“白鹿皮币”。

所谓“白鹿皮币”，是用宫苑的白鹿皮作为币材，每张一方尺，周边彩绘，每张皮币定值40万钱。由于其价值远远脱离皮币的自身价值，因此“白鹿皮币”只是作为王侯之间馈赠之用，并没有用于流通领域，因此还不是真正意义上的纸币，只能说是纸币的先驱。

“飞钱”出现于唐代中期，当时商人外出经商带上大量铜钱有诸多不便，便先到官方开具一张凭证，上面记载着地方和钱币的数目，之后持凭证去异地提款购货。此凭证即“飞钱”。“飞钱”实质上只是一种汇兑业务，它本身不介入流通，不行使货币的职能，因此也不是真正意义上的纸币。

## 二

北宋时期的“交子”，则是真正纸币的开始。

由于宋代商品经济发展较快，商品流通中需要更多的货币，而当时铜钱短缺，满足不了流通中的需要量。在这种情况下，四川成都出现了“交子铺户”。存款人把钱币交付给铺户，铺户把存款人存放现金的数额填写在纸上，再交还存款人；当存款人提取现金时，要付给铺户利息。这种临时填写存款金额的纸张，人们称之为“交子”。此时的交子，只是一种存款和取款凭据，而非货币。

交子印版

随着商品经济的发展，交子的使用也越来越广泛，许多商人联合成立专营发行和兑换交子的交子铺，并在各地设交子分铺。由于交子铺户恪守信用，随到随取，所印交子图案讲究，不仅亲笔押字，而且还有暗记，他人难以伪造，所以交子赢得了很高的信誉。渐渐地，许多商人之间的大额交易，就直接采用可以随时变成现钱的交子来支付，省去了搬运铸币的麻烦。这时的交子，开始具备了货币的属性。

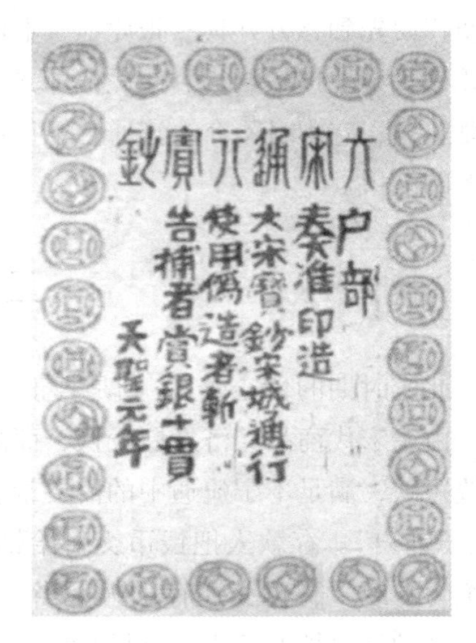


宋天圣年间发行的纸币

后来交子铺户在经营中发现，只动用部分存款，并不会危及交子信誉。于是，他们开始印刷有统一面额和格式的“交子”，作为一种新的流通手段向市场发行。这种交子，就成了真正意义上的纸币。

但并非所有的交子铺户都是守法经营的。有的铺户恶意欺诈，在滥发交子之后停止营业；或者挪用存款，经营他项买卖失败而破产，导致所发的交子无法兑现，往往激起事端，引发诉讼。景德年间，益州知州张泳对交子铺户进行整顿，剔除了不法之徒，交由 16 户富商经营。至此，交子的发行取得了政府的认可。

## 三

宋仁宗天圣元年（1023），政府设益州交子务，由京朝官一二人担任监官，主持交子发行，并“置抄纸院，以革伪造之弊”，严格其印制过程。这便是我国最早由政府正式发行的纸币——“官交子”。它比瑞典在 1661 年、美国在 1692 年、法国在 1716 年发行的纸币要早六七百年，因而也是世界上发行最早的纸币。

交子的出现，便利了商业往来，弥补了现钱的不足，是我国货币史上的一大功绩。此外，交子作为我国乃至世界上发行最早的纸币，在印刷史、版画史上也占有重要的地位，对研究我国古代纸币印刷技术有着重要意义。

# 伞：半为遮雨半遮羞

## 从宫廷来到民间

对于伞，无论是今人还是古人都不会陌生，在中国传统爱情里，伞是一件少不了的道具。两人撑一把小伞，在风雨中漫步，是一种情调，也是一种相偎相依的幸福，似乎爱情就从雨伞开始。这一点，在《白蛇传》中表现得尤为经典，“西湖借伞”而衍生出许仙和白娘子之间的曲曲折折的爱情故事，早已家喻户晓。

作为能遮阳挡雨避风的生活用具，伞早在公元前6世纪就被聪明的中国人发明了。传说发明它的是中国“土木工匠始祖”鲁班的妻子。当时被人们美誉为“能移动的亭子”。

起初，雨伞的伞面用丝绸制成，价格不菲，一般百姓难以买得起，雨天只能戴斗笠或披蓑衣。随着纸的发明，到汉代后，人们开始采用较为廉价的涂上桐油的纸来制伞面。伞开始走向民间。约在唐宋时，油纸伞开始普及民间。到了清代，出现了精工彩绘的花伞。在20世30年代，中国人又首次发明了折叠伞。

在中国，伞常被看作地位的象征，到了后魏时期，伞被用于官仪，老百姓将其称为“罗伞”。如皇帝用红伞和黄伞，而百姓则用蓝色伞。

到宋朝，伞越来越普及，伞也做得越来越漂亮。

## 鲁班夫妇与伞

关于伞的发明，民间有种种传说。流传较广而又有文字记载的还是那位神通广大的“鲁班先师”。据说鲁班在乡间为百姓做活，媳妇云氏每天往返送饭，遇上雨季，常常挨淋。鲁班在沿途设计建造了一些亭子，遇上下雨，便可在亭内暂避一阵。亭子虽好，总不便多设，而且春天孩儿脸，一日变三变，夏季雷阵雨，说来就来，以至“迅雷不及掩耳”。云氏突发奇想：“要是随身有个小亭子就好了！”

鲁班听了媳妇的话，茅塞顿开。这位本领高强、无所不能的中国发明大王依照亭子的样子，裁了一块布，安上活动骨架，装上把儿。于是世界上第一把“伞”就这样问世了。据《玉屑》记载，伞是鲁班的媳妇为关心终日在外劳作的丈夫而发明的。看来，若要申请专利，还是鲁班夫妇俩共享比较合理，这伞的发明，是他们夫妻恩爱、相互关心的产物。

## 伞在西方

伞在唐朝时由中国传入日本，不过传入欧洲，却是最近两三百年的事情。

1747 年，英国的商人汉威到中国广州办货。他看见人们撑着黑布伞在雨中行走，觉得挺好，临回国前带了一把伞回伦敦。1750 年，当他在伦敦钟塔下张开伞遮雨的时候，被过路人视为怪物加以嘲笑：“哈，男士不尊重天意，躲在怪物下边不出来，太不像话了。”按当时英国的宗教传统，认为天上下雨是上帝的旨意，用伞遮住雨就是违反天意，是大逆不道的。汉威因此受到嘲骂和诅咒，甚至有些人向他投掷鸡蛋。汉威不予理会，每天上街带伞，宣传使用伞的好处。渐渐地，雨伞便在英国流行起来，后来成为绅士们常用的雨具。

伞第一次在美国纽约出现，是在 18 世纪末叶，街头出现一片混乱。妇女们大呼小叫，认为这个既能伸开又能缩小的怪物，简直能把人吓得半死。顽皮的小孩子跟在后边，不停地朝打伞的人扔石头……

由此可知，一项发明要得到社会认可，一件商品要能被人们接受，绝不是件简单、容易、轻松的事，有时要经历不少的误会、波折。几十年之后，罗马教皇对伞发生了兴趣。他以上帝的名义为伞洗刷不白之冤。教皇出场有专人撑伞侍候，以显示其庄严、郑重。

# 五彩缤纷的伞

随着时代的进步，伞的品种越来越多，用途也越来越广。自动伞、折叠伞早已不稀罕，无柄伞又返回到“头顶荷叶”状，戴在孩子们和女性骑车族的头上。还有什么收音机伞、太阳能伞、盲人伞、防暴伞等等，也纷纷问世。

在美国佛蒙特州的威努士城，人们用一种重量很轻，却比钢铁坚固，又能透光的有机玻璃作伞面，用纵横交错的金属制成大骨架，利用一个大功率电动机来操纵一把高67米、面积达4000平方米的世界上最大的伞。如今，这把伞已成了美国游览观光的景点。

英国设计师发明不用手撑的雨伞

由“门背一根竹子、撑起来一间屋子”的灯谜，到“风和日丽，功成身退，风雨关头，挺身而出”的赞誉，既概括了伞的作用，更称颂了伞的风格。

玲珑花伞，旋开了江南的雨季。

# 丝绸：华美的乐章

中国丝绸以其卓越的品质、精美的花色和丰富的文化内涵闻名于世，是中国古老文化的象征。几千年前，当丝绸沿着古丝绸之路传向欧洲时，它所带去的，不仅仅是一件件华美的服饰、饰品，更是古老灿烂的中华文化。从那时起，丝绸几乎就成了东方文明的传播者和象征，对世界文明的发展做出了不可磨灭的贡献。

美丽的丝绸

## 一

丝绸的原料来自蚕丝，与养蚕缫丝这个产业密切相关。

在我国民间，一般认为养蚕缫丝技术是黄帝的妻子嫘祖发明的。嫘祖是位聪明能干且又贤惠的皇后。据传她在烧水时，不小心将蚕茧掉入沸汤里。她慌忙捞出后，发现蚕茧能扯出亮丽的丝线。嫘祖受到启发，从此发明了缫丝。她用蚕丝做成的衣服，既轻巧又漂亮，深得黄帝欣赏。黄帝于是在全国提倡种桑树养蚕，从此养蚕缫丝的技术逐渐在全国普及开来。“蚕”和“茧”两词，据传也是由嫘祖最先命名的，后人为了纪念嫘祖的功绩，尊称她为“先蚕娘娘”，有的地方还建庙祭祀她。

虽然这只是一个美丽动听的传说，但足以证明在远古时代，我国就掌握了养蚕缫丝的技术。据考古发现，早在5000年前的新石器时期，就出现了人工切过的蚕茧；在浙江良渚文化遗址中，考古人员发现了大量的绢片、丝带和丝线，它们距今也有4700年了。史书《隋书·礼仪志》记载，商代的甲骨文中早就有蚕、桑、丝、帛等字，而且还记载了当时专门祭祀桑神和派人察看蚕事的卜辞，这说明养蚕早已进入人们的日常生活中了。

《采桑图》

## 二

到了春秋时期，我国的养蚕缫丝业一片繁荣。我国最早的诗歌总集《诗经》中，有多处描写采摘桑叶的场面。如《豳风·七月》写道：“春日载阳，有鸣仓庚，女执懿筐，遵彼微行，爰求柔桑。”形象地描写了一群妇女在春光明媚的日子采摘桑叶的情景。不仅如此，战国时期的青铜器上还绘有《采桑图》，也生动地描绘出女子采桑的生动场面。这些足以证明，蚕丝在人们的日常生活中所占据的重要位置。

在养蚕业获得普及、渐入民间之时，我国古代人民也积累了丰富的养成蚕经验。战国时期著名的思想家荀况曾认真总结了养成蚕的规律，写成《蚕赋》一文，指出蚕要经过三眠，才能结茧，即“三俯三起，子乃大矣”。随后成书的《礼记》中，还总结了对蚕卵进行消毒的方法，以防蚕病发生。这些方法在今天仍然实用。

蚕茧是丝绸的主要原料

## 三

正是因为养蚕业在我国的普及，直接推动了我国纺织绸缎技术的发展，形成了一个完整的染织工艺体系，使丝绸变得五彩缤纷，雍容华贵，成为装点帝王将相威仪和衬托女性美丽的最佳装饰物。

大约在公元前 4 世纪，中国的丝织品就已经驰名于世。张骞通西域后，中国的丝绸制品开始传向欧洲。欧洲人把这种质地轻柔、色泽华丽的丝织物看作是神话中“天堂”里才有的东西。古希腊人干脆称中国为赛里斯，即丝之国，他们把购丝绸、穿丝绸看作是富有和地位的象征。

古罗马人对这个东方古国的丝绸可说是着魔般的偏爱。据说，丝绸进入罗马以后，曾达到12两黄金一磅。尽管如此贵，罗马贵族们仍然对其趋之若鹜。据西方史书记载，有一次恺撒大帝穿着一件中国丝绸做成的袍服去看戏，绚丽夺目的王服在剧场内外引起了巨大的轰动，许多人情不自禁地赞道："真像是一个美丽的梦！"于是，在那里掀起了一股人们竞相购买丝绸的奢侈之风。为进口丝绸，罗马帝国流失了大量黄金、白银，以至后世的许多哲学家把丝绸当作罗马帝国腐败的象征。

在一系列对外交流中，我国的养蚕缫丝技术逐渐传向世界。向东传入朝鲜、日本；向西沿着丝绸之路经波斯传到阿拉伯和埃及；公元8世纪时传入欧洲，16世纪时传入美洲，是中国人送给世界人民最华美的礼物。

# 被中香炉：陀螺仪的前身

被中香炉，是我国古人在冬天用来取暖或盛香料熏被褥的球形小炉。它的奇特之处在于：不论你在被子中如何翻滚香炉，香炉四周的环形支架都会让香炉口朝上，呈水平状，丝毫不用担心炭火从炉口倒出来。《西京杂记》卷上记载：“长安巧工丁缓者，为常满灯……又作卧褥香炉，一名被中香炉。本出房风，共法后绝，至缓始复为之。为机环，转运四周，而炉体常平，可置之被褥，故以为名。”

被中香炉

香炉口为什么总能朝上呢？奥妙在于对物理重力的绝妙应用。

## 构思精巧的设计

我们知道，要使一个有一定重量的物体不至于倾斜翻倒，最好的方法是将它悬挂起来。被中香炉应用的正是这一原理。

香炉的球形外壳和位于中心的半球形炉体之间有两层同心圆环（也有3层的）。炉体在径向两端各有短轴，支承在内环的两个径向孔内，能自由转动。用同样方式，内环支承在外环上，外环支承在球形外壳的内壁上。炉体、内环、外环和外壳内壁的支承轴线依次互相垂直。不论球壳如何滚转，炉体在本身重力的作用下，始终与地面保持水平，并使炉口朝上。

被中香炉的这种结构，完全符合现代航空航海中使用的陀螺仪原理。罗盘就是悬挂在一种称为“万向支架”的持平环装置上。这样，无论有多大风浪，船体怎样摆动，也无论在怎样复杂的气流中，飞机如何颠簸，罗盘始终保持水平状态，确保正常工作。

## 巧夺天工的作品

被中香炉的最早记载见于西汉司马相如所作《美人赋》。1963 年在西安沙坡村出土的唐代银质被中香炉，球体外径约 50 毫米，制作精细，镂刻雅致。

西汉末年，工匠丁缓设计的被中香炉，是世界上已知最早的常平支架，构造精巧，无论球体香炉如何滚动，其中心位置的半球形炉体都能始终保持水平状态。镂空球内有两个环互相垂直而可灵活转动，炉体可绕三个互相垂直的轴线转动。

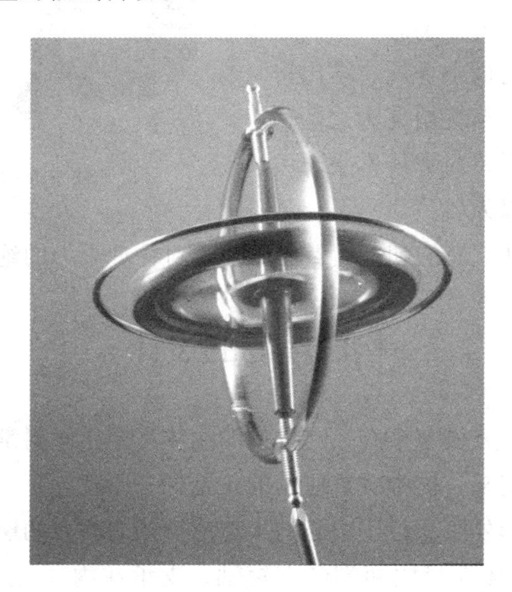

现代陀螺仪，与被中香炉有异曲同工之妙

唐朝贵族还普遍使用一种银质香熏球。熏球内因装置两个环形活轴的小盂，重心在下，故无论熏球如何滚动，环形活轴皆能起平衡作用，使小盂始终保持水平状态，内燃之香料决不会倾覆以致烧蚀衣被，其原理同现代陀螺仪如出一辙。

1987 年，在陕西省扶风县法门寺塔基地宫内，出土了一大批唐代宫廷稀世珍品。内有两件鎏金双蜂团花纹镂空银熏球，其中一件直径 128 毫米，是国内现存最大的一枚银熏球。

## 平衡环的广泛用途

被中香炉应用的平衡环，最早是公元前 140 年的西汉人房风发明的。遗憾的是，这项杰出的创造，在我国仅应用于生活用具。公元 189 年，丁缓又改进了平衡环，后来传到了欧洲。公元 9 世纪，著名科学家罗伯特·霍克等人利用该装置的原理造出了万向接头，成为日后汽车等许多机械产品上必不可少的零件。

在近代欧洲最先提出类似设计的，是文艺复兴时期的大画家、科学家达·芬奇，已较我国晚了 1000 多年。16 世纪，意大利人希·卡丹诺制造出陀螺仪并应用于航海上，在航海事业中发挥了巨大作用。

现代的飞机、导弹和轮船不论怎样急速在空中或海上运动，都能辨认方向，这正是由于安装了陀螺仪的缘故。

# 瓷器：中华文明的象征

中国是瓷器的故乡，瓷器的发明是中华民族对世界文明的伟大贡献。在英文中，瓷器与中国同为一词，都叫“China”。

从张骞通西域，郑和下西洋，到西方人自己的《马可·波罗游记》，没有什么比瓷器更让世界惊叹，最普通的泥土变成了陶器、瓷器，种类之多让人目不暇接。以至于亚历山大大帝面对中国瓷器，发出了由衷的赞美：“实在无法想象，泥土居然能变得如此美丽！”





## 一

在距今8000年前，中国进入了新石器时代，开始了定居生活。盛水、蓄物等日常生活的需要，促使了陶器的发明。中国早期陶器的分布主要集中在黄河流域和长江流域。在陶器的发展过程中，慢慢出现了原始瓷器，进而演变为一个独立的品种——瓷器。

汉代上林湖青瓷印纹大罐

汉代典型青瓷双系壶

唐代的白釉瓷碗和瓷盒

瓷器最早诞生在公元前 16 世纪的商代中期。那时候的瓷器，无论在胎体上，还是在釉层的烧制工艺上，都尚显粗糙，所以被称为“原始瓷”。

原始瓷从商代出现后，经过西周、春秋战国到东汉，历经了 1700 年的变化发展，逐步走向成熟。从出土的文物来看，东汉以来至魏晋时制作的瓷器，多为青瓷。这些青瓷的加工精细，胎质坚硬，不吸水，表面施有一层青色玻璃质釉。这种高水平的制瓷技术，标志着中国瓷器生产进入了一个新的时代。

我国白釉瓷器萌发于南北朝，到了隋唐时期，已经发展到成熟阶段。瓷器烧成温度达到 1200°C，瓷的白度也达到了 70% 以上，接近现代高级细瓷的标准。这一成就为釉下彩和釉上彩瓷器的发展打下基础。

## 二

宋代是我国瓷器发展史上的一个重要阶段。瓷器在胎质、釉料和制作技术等方面，达到了完全成熟的程度。宋代闻名中外的名窑很多，耀州窑、磁州窑、景德镇窑、龙泉窑、越窑、建窑以及被称为宋代五大名窑的汝、官、哥、钧、定，它们的产品都有自己独特的风格，名垂千古。

位于陕西铜川的耀州窑，产品精美，胎骨很薄，釉层匀净；河北彭城的磁州窑以磁石泥为坯，所以瓷器又称为磁器，产品多以白瓷黑花为主；江西景德镇窑的产品质薄色润，白度和透光度之高，被推为宋瓷的代表作品之一；龙泉窑的产品多为粉青或翠青，釉色美丽光亮；越窑烧制的瓷器胎薄，精巧细致，光泽美观；建窑所生产的黑瓷是宋代名瓷之一，黑釉光亮如漆；汝窑为宋代五大名窑之冠，瓷器釉色以淡青为主色，为瓷中精品；位于汴京的官窑和哥窑专为宫廷烧制瓷器，产品高贵典雅，质量上乘；钧窑烧造的彩色瓷器较多，以胭脂红最好；定窑生产的瓷器胎细，质薄而有光，白釉似粉，称粉定或白定。

元代在景德镇设置了“浮梁瓷局”，统理窑务，并成功地烧制出青花瓷、釉里红、枢府瓷等，尤其是元青花烧制成功，在中国陶瓷史上具有划时代的意义。青花瓷釉质透明如水，胎体质薄轻巧，洁白的瓷体上敷以蓝色纹饰，素雅清新，充满生机。青花瓷一经出现，便风靡一时，成为景德镇的传统名瓷之冠。与青花瓷共同并称四大名瓷的，还有青花玲珑瓷、粉彩瓷和颜色釉瓷。

宋龙泉窑青釉荷叶盖罐

宋建窑黑釉鱼子纹茶盏

故宫博物院藏元青花瓷

明代是我国瓷器发展的全盛时期，在这一时期烧制出许许多多的高、精、尖产品，如永宣的青花和铜红釉、成化的斗彩、万历五彩等。景德镇在这时兴盛起来，烧制了青花、白瓷、彩瓷、单色釉等品种，繁花似锦，五彩缤纷，逐渐成为全国的制瓷中心。

到了清朝康、雍、乾三代，瓷器的发展臻于鼎盛，达到了历史上的最高水平，是中国陶瓷发展史上的最高峰。景德镇瓷业盛况空前，保持着中国瓷都的地位。康熙时不但恢复了明代永乐、宣德朝以来所有精品的特色，还创制了很多新的品种，如色泽鲜明、浓淡相间、层次分明的青花等，全都是瓷器中的精品。

乾隆后期，是我国制瓷业盛极而衰的转折点，到嘉庆以后瓷艺急转直下。尤其是道光时期的鸦片战争，使中国沦为半殖民地半封建社会，国力衰竭，制瓷业一落千丈，至 1911 年辛亥革命爆发，清王朝寿终正寝，长达数千年的中国古瓷发展史，至此落下了帷幕。

纵观中国几千年的古瓷器发展史，它虽然最终以衰退而告终，但是它给后人留下的这份珍贵而又丰富的遗产，将永远放射出灿烂的光辉。

明彩莲花纹盖罐

明代青花象耳瓶

明代龙泉窑青釉三足炉

清雍正粉彩碟

清乾隆青花胭脂水花卉座托

清乾隆粉彩开光瓷瓶

# 豆腐传奇

“神州豆腐菜中王，育养人生未敢狂。富贵贫穷皆厚爱，华宴小酌只微香。一身清淡七分水，通体晶莹四面光。方正形容不可犯，为泥作羹亦无妨。”这首名为《豆腐香》的诗，描写的就是我们日常生活中最常见的食品——豆腐。

## 炼丹炼出了豆腐

在我国，豆腐是一种历史非常悠久的食品，相传是淮南王刘安偶然发明的。

刘安是西汉高祖刘邦之孙，公元前164年封为淮南王，都邑设于寿春（即今安徽寿县城关）。刘安雅好道学，欲求长生不老之术，不惜重金广招方术之士，其中较为出名的有苏飞、李尚、田由、雷被、伍被、晋昌、毛被、左吴八人，号称“八公”。

刘安由八公相伴，在安徽省寿县与淮南交界处的北山上烧药炼丹。一次，刘安偶然以石膏点豆汁，不料丹未炼成，竟然变成了一片芳香诱人、白白嫩嫩的膏状物体。当地胆大农夫取而食之，竟然美味可口，于是取名“豆腐”。北山从此更名“八公山”，刘安也无意中成为豆腐的老祖宗。

豆腐发明以后，刘安又研究各种豆腐的吃法，并教给周围的人们，从此豆腐在民间流传开来。八公山方圆数十里的广大村镇，成了名副其实的“豆腐之乡”。

淮南王刘安塑像

豆腐

## 好吃有营养

豆腐是以黄豆、青豆、黑豆为原料，经浸泡、磨浆、过滤、煮浆、加细、凝固和成型等工序加工而成。它不仅是味美的食品，还具有养生保健的作用。中医书籍记载：豆腐，味甘性凉，入脾胃大肠经，具有益气和中、生津解毒的功效，可用于赤眼、消渴、休痢等症，并解硫黄、烧酒之毒。

豆腐及其制品的蛋白质含量比大豆高，而且豆腐蛋白属完全蛋白，不仅含有人体必需的氨基酸，而且其比例也接近人体需要，营养价值很高。俗话说：“青菜豆腐保平安。”这正是人们对豆腐营养价值的肯定。

## 豆腐的八大家族

经过千百年的演化，豆腐及其制品已经成为中国烹饪原料的一大类群，有着数不清的地方名特产品，可以烹制出不下万种的菜肴、小吃等，并逐渐形成中国豆腐的八大系列——

一为水豆腐，包括质地粗硬的北豆腐和细嫩的南豆腐；二为半脱水制品，主要有百叶、千张等；三为油炸制品，主要有炸豆腐泡和炸金丝；四为卤制品，主要包括五香豆腐干和五香豆腐丝；五为熏制品，诸如熏素肠、熏素肚；六为冷冻制品，即冻豆腐；七为干燥制品，比如豆腐皮、油皮；八为发酵制品，包括人们熟悉的豆腐乳、臭豆腐等等。这八类制品中，安徽淮南的八公山嫩豆腐、广西的桂林白腐乳、浙江绍兴腐乳、黑龙江的克东腐乳、广东的三边腐竹、北京的王致和臭豆腐、湖北武汉的臭干子等，均已成为驰名中外的豆腐精品。

有了豆腐自然会有豆腐菜。各地人民依照自己的口味，不断发展和丰富着豆腐菜肴的制作方法。流传至今的有四川东部的“口袋豆腐”，以汤汁乳白、状若橄榄、质地柔嫩、味道鲜美为特色；成都一带享誉海内外的“麻婆豆腐”，独具麻、辣、鲜、嫩、烫五大特点；此外，还有湖北名食“荷包豆腐”、杭州名菜“煨冻豆腐”、无锡“镜豆腐”、扬州“鸡汁煮干丝”、屯溪“霉豆腐”，以及以豆腐衣为原料的“腐乳糟大肠”等等，不胜枚举……

## 别具一格的豆腐文化

随着豆腐制作工艺的不断发展，豆腐制品种类的日益增多，豆腐菜日益丰富，形成了独特的“豆腐文化”。北宋大文豪苏东坡善食豆腐，元祐二年至元祐四年任杭州知府期间，曾亲自动手制作东坡豆腐。南宋诗人陆游也在自编的《渭南文集》中，记载了豆腐菜的烹调。

关于豆腐的各种文字有很多。宋、元、明、清咏豆腐题材的古体诗就有 20 余种，今人咏豆腐的旧体诗词和新诗也在百首以上。如清代胡济苍的诗词“信知磨砺出精神，宵旰勤劳泄我真。最是清廉可正客，一生知己属贫人”。此诗不写豆腐的软嫩美味，而写豆腐的清洁精神，由磨砺而出，轻正清廉，不流于世俗，赞美其风格高尚。

豆腐题材的散文，以宋代文学家杨万里《诚斋集》中《豆卢子柔传——豆腐》为最早，文中用拟人的手法，把豆卢子的存在比作“豆腐身世”，色洁白粹美，构思有趣。其次是元代的虞集的《豆腐三德颂》，夸赞豆腐在食用和医用方面的效果。在我国古典名著《水浒传》《红楼梦》《西游记》中，都有豆腐方面的内容，仅《红楼梦》中涉及豆腐的描写，就不下数十处。

2000 多年来，随着中外文化的交流，豆腐就像中国的茶叶、瓷器、丝绸一样，走出了国门，享誉世界。

说起这段历史，就要提起唐代大和尚鉴真。天宝十二年（757），鉴真东渡日本，带去了豆腐制作方法。至今日本的豆腐包装袋上还有“唐传豆腐干黄檗山御前淮南堂制”的字样，而且许多豆腐菜谱直接采用汉字名，如“夫妻豆腐”“理宝豆腐”“炸丸豆腐”“烤串豆腐”“团鱼豆腐”等等。

麻婆豆腐

臊子豆腐

铁板豆腐

小葱拌豆腐

# 魔镜：青铜器中的瑰宝

在一些西方人的眼里，中国是一个充满神秘色彩的国度。如果他们有机会看到中国“魔镜”的话，肯定会更加惊讶。说它真正充满“魔力”，一点儿也不过分。

魔镜是一种特别的青铜镜，它背面一般铸有青铜文字或图案，有的两者兼而有之。它的正面是一凸面，抛光抛得锃亮。在一般的情况下，这种镜子也没有什么特别之处，拿在手上感觉完全是一面很普通的镜子，功能与现在的镜子毫无二致。但是，如果把这种铜镜置于明媚的阳光下，将光线投射到暗处的墙壁上，奇迹就出现了——墙壁上出现了铜镜背面的正字或图章，好像铜镜能透光，变得透明了，以致古人称其为“透光镜”。

作为世界上最奇特的物品之一，魔镜至少在公元 5 世纪时就出现了。在唐代的《古镜记》中记载：“承日照之则背上文画，墨入影内，纤毫无失。”

需要指出的是，魔镜并不是真的能透光。这一点读者也能确信，哪有实心青铜器能透光的道理。北宋时的大科学家沈括在《梦溪笔谈》里也说到了魔镜。他认为，魔镜锃亮的表面隐藏有肉眼察觉不出来的细微变化，正是这种变化，导致了它在反射阳光时，产生奇妙的效果。对于沈括的分析，1932 年英国结晶学家威廉·布莱格爵士率先印证。他说：“正是反射的放大作用使图案清楚地显现出来。”李约瑟将魔镜现象称为“在通向掌握金属表现细微结构道路上迈出的第一步”。

现在科学已彻底弄清了魔镜的奥秘。根据分析，魔镜在铸造过程中，由于镜背处的花纹图案凹凸处厚薄不同，在冷却凝固时，厚处收缩而产生铸造应力比薄处大，从而形成物理性质上的弹性形变。正是这种弹性形变叠加地发生作用，使得镜面与镜背花纹之间产生不同的细微曲率，从而导致了这种透光效果。

了解了魔镜的“秘密”后，人们开始对它进行了一系列研究，终于弄清楚了魔镜的制作过程。如今，仿制魔镜已在市场随处可见，成为人们喜爱的工艺品。

# 鱼洗为什么会喷水

中国古代的许多发明真可谓巧夺天工，如果说上古青铜器魔镜的发明让人觉得神秘的话，那么喷水鱼洗的发明绝对称得上神奇。

## 奇思妙想的发明

对于喷水鱼洗一词，许多人会觉得陌生，有必要在此先解释一下。“洗”在古代可不只是一个动词，它还是一个名词，特指一种盛水、洗涤的盆形器皿，在我国汉代就出现了。因人们常在洗的底部铸一条象征富裕的鱼形花纹，故通常称为鱼洗。喷水鱼洗是一种特制的铜盆，盆沿上有两只对称的耳朵，盆底自然也铸有鱼纹（有的铸龙纹，叫龙洗）。

仅从外表上看，这种鱼洗没有什么神奇之处，就像魔镜表面上看起来并没有“魔力”一样。如果在鱼洗中注入半盆水，然后用力搓它的双耳，不一会奇迹就发生了：盆底的鱼儿像活了一样，竟然能“开口”喷水，有时水柱喷射可高达半米以上。

能喷水的鱼洗最早出现在北宋。据北宋王明清（1127～1202）《挥麈录》写道："瓷盆……有画双鲤存焉，水满则跳跃如生，覆之无它矣。"文中所说的"瓷盆"，可能是"铜盆"之误。与他同时代的何薳在《春渚纪闻》中，曾对喷水鱼洗做了更为详细的介绍：鱼盆是一只木盆，直径有两尺，中间有木纹，成两条鱼状，各长五寸。如果将盆中注水，那么双鱼会隐约涌动，像成了真鱼一样。如果将盆里水注满，双鱼又不动了，就像木纹鱼。今天的铜制鱼洗，就是从它的原理上改进而来。

## 鱼洗为什么会喷水

对于鱼洗会喷水的这一现象，我们可以从物理学上的驻波来解释：由于双手来回摩擦铜耳时，形成铜盆的受迫振动，这种振动在水面上传播，并与盆壁反射回来的反射波叠加形成二维驻波。实验表明，这种二维驻波的波形与盆底大小、盆口的喇叭形状等边界条件有关。我国汉代已有鱼洗，并把鱼嘴设计在水柱喷涌处，说明古人对振动与波动的知识已有相当的掌握。

根据经书记载，喷水鱼洗曾于古代用作退兵之器。因共振波发出轰鸣声，众多鱼洗汇成千军万马之势，传数十里，敌兵闻声却步。鱼洗反映了我国古代科学制器技术，已达到高超的水平。

喷水鱼洗不仅完全符合壳体振动的原理，又在实际效果上使人产生一种错觉，以为洗底的鱼搅动水浪，从而让人产生无穷的想象。喷水鱼洗是古代人民卓越才智的表现，也是我国古代不可多得的神奇发明物之一。

## 阴阳鱼洗之谜

我国浙江杭州博物馆收藏有一个青铜制成的"阴阳鱼洗盆"。其大小如脸盆，盆上沿有两耳，盆底绘有四条鱼，鱼与鱼之间刻有清晰的《易经》河图抛物线。加入半盆水后，用手轻轻搓双耳，不一会，盆里的水就会波浪翻滚，如沸水一般，不久会有四条六七十厘米高的水柱涌出，像四条喷泉，还发出如念卦的声响。

如此神奇的鱼洗引起了美国、日本许多专家的兴趣，他们用各种先进的现代仪器反复检测，试图找出它的导热、传感、推动及喷射发单的构造原理，但还是没有找到答案。对着这个已存在 1000 多年的中国古代科技奇迹，他们也只能“望盆兴叹”。

青铜喷水震盆——阴阳鱼洗盆

据说美国学者曾仿制了一个“阴阳鱼洗”，外形虽然非常相似，但功能相差太远。它不会喷水，发出的声音也很沉闷，远没有我国古代的“鱼洗”清脆。随着仿造的失败，能喷水的“阴阳鱼洗”已成了当今科学不解之谜。

# 筷子——让人变聪明的餐具

人类的历史，是进化的历史，随着饮食烹调方法改进，饮食器具也随之不断发展。原始社会里，由于食物制作粗放，大家以手抓食；到了新石器时代，食品大多采用蒸煮法，用手捞取食物就感到不方便了，于是筷子便诞生了。

## 筷子的起源

中国人使用筷子的历史实在久远，以至于现在无法考证是何人在何时发明的。从新石器时代末期进入夏禹时代，人类还没有文字，无法记录筷子的发明过程，但从一些传说和后来的典籍当中，可以大致推测出筷子的诞生过程。

我国有一则民间传说，相传大禹在治理水患时三过家门而不入，都在野外进餐，有时时间紧迫，等兽肉刚烧开锅就急欲进食，然后开拔赶路。但汤水沸滚无法下手，就折树枝夹肉或米饭食之，这就是筷子最初的雏形。虽然这只是传说，但因熟食烫手，筷子应运而生，这是合乎人类生活发展规律的。

《礼记》也描述了古人“以土涂生物，炮而食之”，意思是用泥土把肉食包裹，放在火中烤熟后吃。专家认为这种方法也推动了筷子的形成。当先民们把食物放在火堆中烘烤时，为了使其受热均匀，不断用树枝拨动，天长日久，树枝渐渐演变成了筷子。专家推测，用树枝、细竹夹取食物直到箸的形成，可能经历了数百年甚至更长的时间。

相传大禹发明了筷子

《韩非子·喻老》一文中，称筷子为“箸”，这说明筷子最初是以竹木为材质。因北方多木，南方多竹，我们祖先就地取材，竹木便成了筷子的原料。后来，随着社会经济的发展，陆续出现了铜箸、铁箸、金箸、银箸、象牙箸和玉制犀头箸等，但几千年来，筷子的形状、长短始终并无太大变化。

至今，广东兴宁、梅县等地的客家人，仍沿用古代称呼，将筷子叫“箸”或“箸挟”。客家人是自中原地区迁徙而来的血统较为正宗的汉族人，他们所保持的原汁原味古汉语词汇最多。“箸”何时被称筷？有此一说，善于驾舟的吴人讳忌“箸”和“住”同音，他们最怕行船搁浅，故此将“住”称为“快”，如此便风正一帆悬，轻舟已过万重山了。

## 筷子的优点

中国使用筷子，在人类文明史上是一桩值得骄傲的科学发明。筷子外形简单，兼有挑、拨、夹、拌、扒等多种功能，且使用方便，价廉物美。

李政道论证中华民族是一个优秀种族时说：“中国人早在春秋战国时代就发明了筷子。如此简单的两根东西，却高妙绝伦地应用了物理学上的杠杆原理。筷子是人类手指的延伸，手指能做的事，它都能做，且不怕高热，不怕寒冻，真是高明极了。比较起来，西方人大概到16世纪、17世纪才发明了刀叉，但刀叉哪能跟筷子相比呢？”

中国人在国际乒坛上多次囊括金牌，西方人就曾认为这是筷子练就的童子功。有专家测定，人在用筷子夹食物时，有80多个关节和50条肌肉在运动，并且与脑神经有关。因此，用筷子吃饭使人手巧，可以训练大脑使之灵活，是一种非常有利于身心健康的餐具。

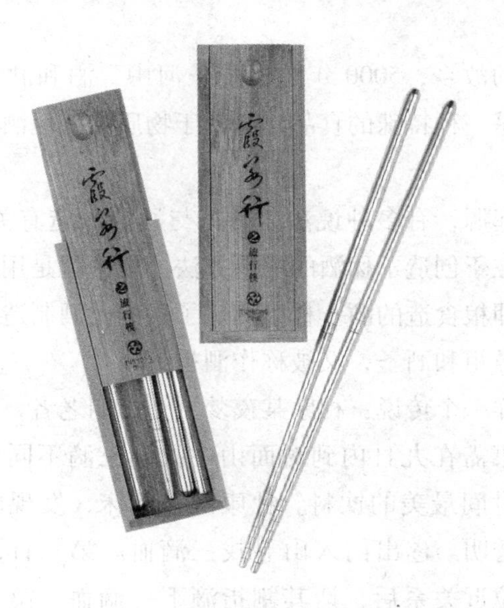

旅行筷子

# 酿酒，从杜康说起

“对酒当歌，人生几何？譬如朝露，去日苦多。慨当以慷，忧思难忘。何以解忧？惟有杜康”“举杯邀明月，对影成三人”“明月几时有，把酒问青天”“借问酒家何处有，牧童遥指杏花村”……

酒作为一种文化，似乎贯穿中国历代诗词歌赋之中，成为中国文化中一道亮丽的风景。它几乎构成了千百年来中国帝王将相、文人墨客，还有凡夫俗子生活的一部分。酒对人们生活产生的巨大影响，是其他任何一种饮料无法相比的。



## 酒神杜康

中国是酒的故乡，5000 年的历史长河中，酒和酒文化一直占据着重要地位。酒是一种特殊的食品，是属于物质的，但酒又融于人们的精神生活之中。

关于酒的起源，有多种说法。真正与酒的酿造有关系的，是杜康。他的历史贡献在于创造了秫酒的酿造方法。秫酒就是用黏性高粱为原料制成的清酒，即粮食造的酒。杜康奠定了我国白酒制造业的基础，被后人尊崇为酿酒鼻祖和酒圣，又被称作酒祖。

民间有这样一个传说：杜康某夜梦见一白胡老者，告诉杜康将赐其一眼泉水，杜康需在九日内到对面山中找到三滴不同的人血，滴入其中，即可得到世间最美的饮料。杜康次日起床，发现门前果然有一泉眼，泉水清澈透明。遂出门入山寻找三滴血。第三日，杜康遇见一文人，吟诗作对拉近关系后，请其割指滴下一滴血。第六日，遇到一武士，杜康说明来由以后，武士二话不说，果断出刀慷慨割指滴下一滴血。第九日，杜康见树下睡一呆傻之人，满嘴呕吐，脏不可耐，无奈期限已到，杜康遂花一两银子，买下其一滴血。回去后，杜康将三滴血滴入泉中，泉水立刻翻滚，热气升腾，香气扑鼻，品之如仙如痴。因为用了九天时间又用了三滴血，杜康就将这种饮料命名为“酒”。

因为有了秀才、武士、傻子的三滴血在起作用，所以人们在喝酒时一般也按这三个程序进行：第一阶段，举杯互道贺词，互相规劝，好似秀才吟诗作对般文气十足；第二阶段，酒过三巡，情到深处，话不多说，一饮而尽，好似武士般慷慨豪爽；第三阶段，酒醉人疯，或伏地而吐，或抱盆狂呕，或随处而卧，似呆傻之人不省人事。

杜康造酒之后，经过历代酿酒者的精心调制，我国涌现出了种类繁多的美酒佳酿，有白酒、黄酒、果酒……尤其是白酒，作为世界著名的六大蒸馏酒之一，声名远播世界各地。

酒圣杜康

## 酒香飘千年

杜康酿酒虽然是个传说，但作为世界酒文化的发源地，中国的确是世界上最早酿酒的国家之一。考古证明，在公元前3000年，我国已经出现人工酿酒。到了商代，饮酒之风日盛。在战国时的著作《札记》

中，详细记载了当时酿酒的工艺。如酿酒需要用煮熟的谷物、上好的水质，投放酒曲要掌握时机，所用器皿要选用洁净的陶器等。

秦汉以前的酒，因酒分少、糖分多而容易发酸。汉代时发明了“复式发酵法”，改用曲酿酒，使“糖化”和“酒精发酵”这两个化学过程交替进行，提高了酒的酒精度和质量。制曲所用的原料有大麦、小麦、稻米、高粱、小米等。另外，用不同的谷物制曲，便会产生不同的酒，酒的品种也得到了增加。这时期产生的酒，有廉价的“行酒”，有一夜而熟的“甘酒”，还有发酵期长、酒味醇厚的“清酒”等。

在晋代，又出现了制作药曲、酿制药酒的工艺。这种具有健身祛病的保健酒，是世界酿酒史上了不起的创造。到了唐代，除粮食酒外，还生产葡萄酒、天门冬酒等。

唐代和宋代是我国酿酒技术最辉煌的发展时期。酿酒行业在经过了数千年的实践之后，传统的酿造技术在这个时期得到了升华，形成了传统的酿造理论。北宋朱翼中写的《北山酒经》，系统地讲述了当时的各种酿酒技术，是一本不可多得的酿酒理论专著。

为了提高酒精度，增加酒精含量，人们又利用酒精与水的沸点不同，蒸烤取酒，发明出了蒸馏酒。就是通常所说的烧酒。从元代开始，蒸馏酒在文献中已有明确的记载。这是制酒史上一个划时代的进步。现在的白酒采用的就是这种传统的配制方法。

古人酿酒场面

明朝是我国酿酒业大发展的时期，酒的品种、产量都大大超过前世，尤其是蒸馏酒得到了极大的发展。到清朝时已逐渐形成了以酱香型、浓香型、清香型白酒为代表的白酒体系。

新中国成立后，我国的酿酒业得到进一步发展，在酱香型、浓香型、清香型三种传统酒类基础上，又发展出了兼香型、凤香型、特香型等新型酒类。

酿酒得有曲，这是杜康酿造秫酒时传下来的“规矩”。用酒曲作为糖化发酵剂的酿酒法是我国所独有的，具有鲜明的民族特色。我国传统的酿酒工艺都离不开酒曲。

我国酿酒所用的酒曲分大曲、小曲、红曲、麦曲、麸曲5大类。大曲以大麦、豌豆等为原料，经粉碎、压制成为块状曲坯，经自然接种后，在一定的温度、湿度下焙制而成。小曲则以小麦为原料制成。酿制白酒一般用大曲，如茅台酒、汾酒、五粮液等名酒，全是大曲酒。

## 中华酒文化

中国是酒的王国。品种之多，产量之丰，皆堪称世界之冠。中国又是酒人的乐土，地无分南北，人无分男女老少，饮酒之风，历经数千年而不衰。中国更是酒文化的极盛地，饮酒的意义远不止生理性消费，远不止口腹之乐；在许多场合，它都是作为一个文化符号，一种文化消费，用来表示一种礼仪，一种气氛，一种情趣，一种心境；酒与诗，从此就结下了不解之缘。

不仅如此，中国众多的名酒不单给人以美的享受，而且给人以美的启示与力的鼓舞；每一种名酒的发展，都蕴含着劳动者一代接一代的探索奋斗和英勇献身，因此名酒精神与民族自豪感息息相通，与大无畏气概紧密相接。甚至有人认为，有了名酒，中国餐饮才得以升华为荣耀世界的饮食文化。由此看来，酒早已经深深地与中华文明融合在一起，成为不可分割的一部分。

# 中国螺旋：从竹蜻蜓到直升机

大自然历来是人类的老师。公元500年以前，中国人从蜻蜓的飞翔中受到启示，发明了竹蜻蜓。从那以后，这个小小的玩具一直停留在中国孩子的手中，延续了2000多年。

竹蜻蜓相当简单，其外形呈T字形，横的一片像螺旋桨，当中有一个小孔，其中插一根笔直的竹棍子，用两手搓转这一根竹棍子，竹蜻蜓便会旋转飞上天，当升力减弱时才落到地面。在制作和玩耍竹蜻蜓的过程中，可以领略中国古老儿童玩具的趣味和科学技术的奥妙。

公元4世纪时，我国著名的炼丹师、古代化学家葛洪曾专门研究过竹蜻蜓，并提出关于直升机旋翼的制造原理。根据这一原理，公元17世纪，中国苏州的巧匠徐正明，整天琢磨小孩玩的竹蜻蜓，想制造一个类似蜻蜓的直升机，并且想把人也带上天空。经过十多年的钻研，他造出了一架直升机。它有一个竹蜻蜓一样的螺旋桨，驾驶座像一把圈椅，依靠脚踏板通过转动机构来带动螺旋桨转动，试飞时候，它居然飞离地面一尺多高，还飞过一条小河沟，然后落下来。这是人类最早的而且是成功的直升飞行实验，以至有人把它视为世界上最早的“飞机”。

受技术的限制，徐正明没能进一步改进他的飞车，但竹蜻蜓依然是那时许多孩子喜爱的玩具。当西方传教士进入中国，看到这一简单而神奇的玩具时，曾赞叹不已，将其称为“中国螺旋”。

当竹蜻蜓传到欧洲后，启发了西方发明家的思路。被誉为“航空之父”的英国人乔治·凯利，一辈子都对竹蜻蜓着迷，他的第一项研究成果就是在1796年仿制和改造了竹蜻蜓。1809年，他仿制的中国式“竹蜻蜓”能飞上七八米的天空。1853年，他又画出了直升机旋翼结构图。他的这些成果已有现代螺旋桨的一些工作原理，并为后来西方设计师研制直升机提供了灵感。

现代直升机尽管比竹蜻蜓复杂千万倍，但其飞行原理却与竹蜻蜓有相似之处。现代直升机的旋翼就好像竹蜻蜓的叶片，旋翼轴就像竹蜻蜓的那根细竹棍儿，带动旋翼的发动机就好像我们用力搓竹棍儿的双手。竹蜻蜓的叶片前面圆钝，后面尖锐，上表面比较圆拱，下表面比较平直。当气流经过圆拱的上表面时，其流速快而压力小；当气流经过平直的下表面时，其流速慢而压力大。于是上下表面之间形成了一个压力差，便产生了向上的升力。当升力大于它本身的重量时，竹蜻蜓就会腾空而起。

直升机旋翼产生升力的道理与竹蜻蜓是相同的。《大英百科全书》记载道：这种称为“中国陀螺”的“直升机玩具”在15世纪中叶，也就是在达·芬奇绘制带螺丝旋翼的直升机设计图之前，就已经传入了欧洲。

《简明不列颠百科全书》第9卷写道：“直升机是人类最早的飞行设想之一，多年来人们一直相信最早提出这一想法的是达·芬奇，但现在都知道，中国人比中世纪的欧洲人更早做出了直升机玩具。”

# 熨斗的发明

## 一

中国自古以来是礼仪之邦，在穿衣着装方面，讲究的是端正整洁。如果会见客人，不管衣服贵贱，都要正衣冠，这才算礼貌。在这方面，熨斗起到了重要作用。

熨斗这个名称的来历，一是取象征北斗之意，二是它的外形如同古代一种烹调用具平底锅。熨衣前，把烧红的木炭放在熨斗里，待底部热得烫手了再使用，所以，熨斗又叫“火斗”。在皇宫里，熨斗被称为“金斗”，因为这是采用鎏金工艺精制的熨斗，可不是一般的民间用品了。

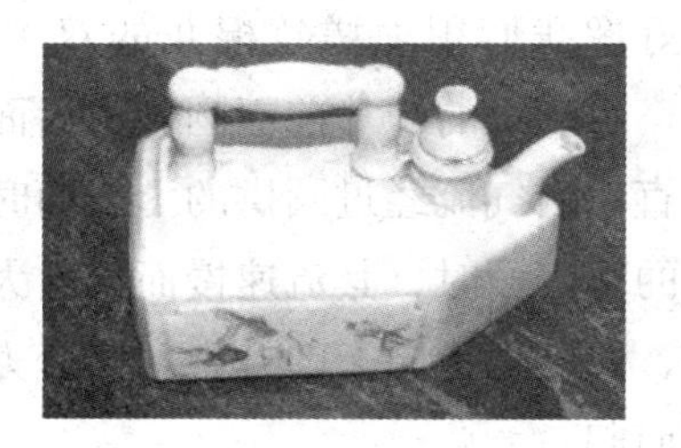

很少见的瓷熨斗

据考古学家考证，中国古代的熨斗比外国发明的熨斗早了1600多年，是世界上第一个发明并使用熨斗的国家。

说到熨斗的起源，却跟熨衣服没啥关系，而是作为一种可怕的刑具出现的。据《史记·殷本纪》记载：“纣乃重刑辟，有炮烙之法。”说商纣王十分残暴，经常想出各种方法来镇压百姓。他让人在铜柱上涂满油脂，并用炭火烤热，逼迫反对他的人在上面行走，这样许多人都被活活烤死。西汉刘安所著的《淮南子》一书中，也有“炮烙始于斗”的说法，并特地指出：“斗，熨斗也。”可见封建君王曾用熨斗作为刑具来镇压百姓，以巩固其统治地位。

## 二

熨斗作为熨烫衣服的工具，始于汉代，盛行于唐代。

汉魏至唐以前，熨斗用青铜铸成，宽口沿，略弧底，为了防止烫伤，一般带有长柄。但这时的熨斗，不是寻常百姓能用得起的。有的熨斗上，还镂有“熨斗直衣”的铭文。不过，当时熨斗还没有广泛用于熨衣，《隋书》中，就有李穆让自己的儿子李浑进京，拿了熨斗作为信物呈献给隋文帝，说：“愿执柄以熨安天下也。”来表示自己不会叛变，据专家推测，这只熨斗有刻度，用以表示丈量天下的意思，算是一种权杖。

到了唐朝，由于国力强盛，人民富足，非常讲究穿衣打扮，熨衣开始流行，熨斗才真正走入寻常百姓家。同时，熨斗也有很多改进，如把长柄改为空心短柄，加木把手，底部也改为平底。少见的三彩熨斗也出现在唐朝。

唐代还出现了许多关于熨斗的诗画，给我们留下许多宝贵的资料。如诗人王建的《宫调》一诗，描写了宫人熨烫御衣的情形：“每夜停灯熨御衣，银薰龙里火霏霏。遥听帐里君王觉，上直钟声始得归。”君王的衣服是御衣，天天要熨以保持龙威，朝官的衣服也须挺括才显官仪。

明清由于年代较近，民间流传下来很多明清熨斗。这些熨斗多为铜制，底部平滑，口部椭圆，也有的呈舀水的勺子状，使用更加方便。古典名著《红楼梦》中，也有熨斗的出现，如贾宝玉《芙蓉女儿诔》：“抛残绣线，银笺彩缕谁裁；折断冰丝，金斗御香未熨。”说明熨斗对于家居生活的重要性。

## 三

相对于中国，西方国家使用熨斗的历史就晚了许多。约公元 16 世纪，荷兰裁缝才开始使用空心盒型铁制大熨斗，在火中或金属板上加热来熨烫衣服。但这种熨斗在使用时要特别小心，容易把衣服烧焦，甚至灼伤自己。而在此时的东方，熨斗已经发明了1600多年，经过不断改良，保热时间更长，更加节省熨衣服的时间。

直到1882年6月6日，美国人亨利·西利发明现代电熨斗，熨斗才摆脱了对炭火的依赖。20世纪20年代，实用的蒸汽电熨斗逐渐进入普通百姓家里。

汉代青铜熨斗

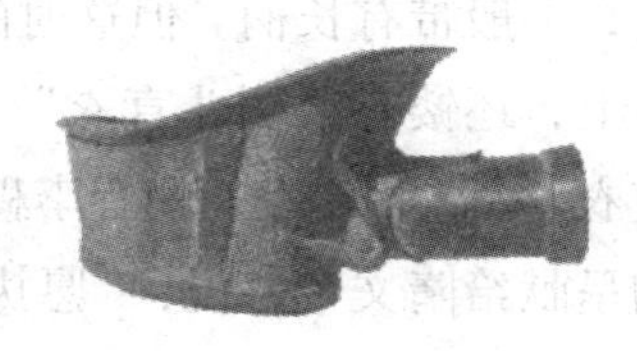
清代熨斗

如今随着科技的发展，电熨斗也在不断推陈出新，如恒温熨斗、喷雾蒸汽熨斗等等，使用起来更加便利和安全，越来越贴近老百姓的生活，成为不可缺少的家居用品。

# 中华神针

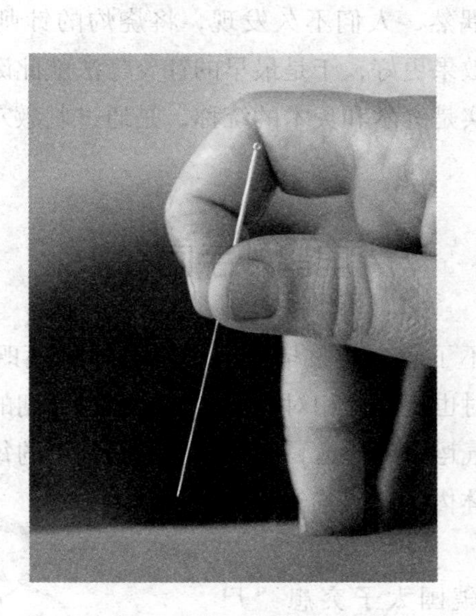

中国的传统医学源远流长，开创过许多世界第一，其中最为神奇、历史也最为久远的当推针灸术，它可说是中医的发端。

## 从砭石到钢针

早在170万年前的旧石器时期，我们的先祖在生活中就学会利用一些尖硬的器物切开痈疮，排挤脓肿。他们还发现，用尖锐的石块刺激身体的某些部位，可以减轻身体某处的疼痛。到了新石器时期，人们渐渐掌握了磨制技术，已能制作一些较为圆滑的石器专门用来治病，即“砭石”。“砭”在《说文解字》里就是指“以石刺病”。

砭石发明之后，在漫长的历史进程中，人们进行了一系列的改进，先后发明了石针、骨针、竹针等原始针具，以及铜针、金针和我们现代所使用的不锈钢针。这种纯用针刺激身体某些部位而治病的疗法，通常称针刺。

在针刺发明及改进的同时，人们又发现用火对身体的某些部位进行温热，也可减轻某些疾病的症状。孟子曾说："七年之病，求三年之艾。"这里的"艾"，是指带有芳香、易燃烧的艾叶。说明至少在公元前4世纪，艾灸疗法已经在我国出现了。

也许是出自偶然，人们不久发现，将烧灼的针刺在身体的某些部位，减轻病痛的效果更好，于是最早的针灸疗法就此诞生了。我们今天所说的针灸，其实是针术和灸术的统称，是通过刺激穴位，畅通经脉来治病。





## 扁鹊妙手回春

古人起初并不了解穴位，毕竟经络在身体里面既看不见，也摸不着，就是在解剖时也找不到相对应的实物。经过长期的实践，人们认识到经络是人体血气运行的通道，而穴位就像是其上的每一个车站，针灸疗法就是疏通人体内的血气通道以达到治病的目的。

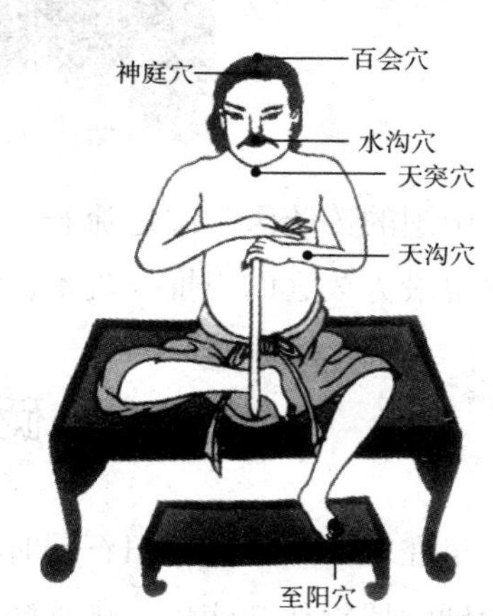

北宋时期的针灸穴位图

春秋时期，虢国太子突患"尸厥"，生命垂危。神医扁鹊应诏入宫，用针刺，并用艾条熏灼太子身体的经络穴位进行救治。太子死而复生。神医扁鹊妙手回春，留下针灸治病救人的传奇佳话。

战国时期成书的《黄帝内经》，在"灵枢"一章中详细总结了一些针灸经验，将经络分成12条，由此奠定针灸学的理论基础。

到了晋代，我国的第一本针灸专著《针灸甲乙经》问世，这本由皇甫谧所著的专著，竟然记载了654个穴位，不久就成为针灸的经典教材。

随后，唐代“药王”孙思邈创立了以痛点取位的“阿是穴”，宋代出现了针灸铜人……针灸疗法逐渐形成一个完整的医疗体系，成为中医主要的治疗手段之一。

## 傅青主手到病除

相传，清朝顺治皇帝一次心口窝疼痛，请神医傅青主为其诊治，傅青主察其色观其形，诊脉后断他是郁气凝结心肺，需要针灸治疗。在针灸前，傅青主很郑重地对皇帝说：“请我姓傅的给你针灸不难，只需皇姑今日陪我过上一夜。”皇帝听罢，顿时火冒三丈，气得心肺炸开，大骂傅青主是不懂人之大伦的畜生！又说不许你姓傅的在我朝居官。这时傅青主暗暗自笑，他手疾眼快，对准顺治心窝穴位，抖动银针刺入。霎时，皇帝果然疼痛解除。然后傅青主说：“我说之淫言激起怒火，心肺炸开，此时针灸必生效也！此乃是权宜之计耳！”顺治皇帝这才恍然大悟，不禁喜笑颜开。

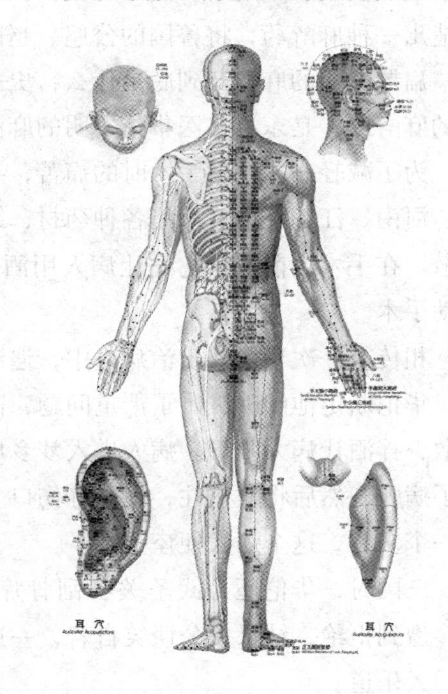

现代人体针灸穴位图

在历代的医疗实践中，中国的针灸学家积累了丰富的临床经验和理论知识，为针灸学科的发展奠定了理论和实践基础。到了今天，在继承和总结前人的基础上，日益完善的针灸术逐渐走出国门，获得世界许多国家的认可，被誉为中国最神奇的发明之一。

# 麻沸散：奇妙的麻醉剂

病人在接受外科手术前，一般都需要进行麻醉，这样在手术时候才没有痛苦。大手术需全身麻醉，小手术也要局部麻醉。可以这么说，麻醉药是手术成功的前提条件。

我国使用麻醉药的历史源远流长。相传在战国时期，神医扁鹊就曾制造出一种麻醉药，将鲁国的公扈、赵国的齐婴两人的心换了。

扁鹊发明的麻醉药到底是什么，史书上没有记载。有记载且比较可信的麻醉药，是东汉名医华佗发明的麻沸散。

为了减轻病人在做手术时的痛苦，身为名医的华佗，走遍安徽、山东、河南、江苏等地，采集各种药材，终于研制出一种麻醉药剂——麻沸散。在手术之前，华佗先让病人用酒服下麻沸散，等其失去知觉后，才动手术。

相传有一次华佗外出治病途中，遇到一位病人肚子痛得厉害。经诊断，华佗断定他的脾脏出了严重问题，需要将其摘除。于是，他取出麻沸散，拌酒让病人服下。病人进入梦乡后，华佗随即剖开他的肚子，切除了病脾，然后将血止住，缝合好伤口，涂上生肌收口的药膏。仅仅过了一个多月，这个病人便痊愈了。

三国时，华佗还为武圣关羽刮骨疗伤。当时，他建议关公用麻沸散，遭到拒绝，结果关公谈笑自若，一边下棋，一边接受手术，这一直为后人乐道。

后来曹操得了头痛病，召华佗来医。华佗建议曹操利用麻沸散进行开颅手术，可惜曹操疑心太重，误认为华佗要谋害自己，将他处死。在临刑前，华佗将麻沸散的配方交给一狱卒，可惜的是狱卒的妻子怕连累自己，将配方烧毁，麻沸散就此失传了。

华佗在给病人动手术

神医华佗

麻沸散是外科手术史上一项划时代的贡献，它对后代有很大的影响。由于麻沸散配方自华佗死后就失传了，直至宋代，我国麻醉技术才有所发展，不久就出现了局部麻醉、正骨用专科麻醉等麻醉方法。而欧洲直到19世纪中叶才使用麻醉药为病人做手术。这之前，他们在做手术时，为减轻病人的痛苦，多采用放血疗法。这种方法是很危害的，血放多了，病人会立即死亡；而血放少了，病人一样会很痛苦。

华佗对麻醉药的贡献得到了国际医学界的承认，有不少专家根据文献对麻沸散的成分进行了分析，大致如下：曼陀罗花一斤，生草乌、香白芷、当归、川芎各四钱，南天星一钱，共六味药组成；另一说由羊踯躅三钱、茉莉花根一钱、当归三两、菖蒲三分组成。

由于华佗的书籍早已失传，这究竟是不是华佗的原始配方，没人得知。

# 峨眉道士的妙方





## 令人恐怖的疾病

天花曾是全球流行最广的烈性传染病，死亡率相当高，即使侥幸生存下来，脸上也常常留下永久性的瘢痕，以至我国民间有俗语说：“生了孩子只一半，出了天花才算全。”

中世纪时，天花曾在世界各国广泛流行，夺去了当时10%的居民的生命，其中不乏一些帝王，如法皇路易十五、英国女王玛丽二世、德皇约瑟夫一世、俄皇彼得二世等。据学者们估计，18世纪欧洲死于天花的人数高达1亿以上。

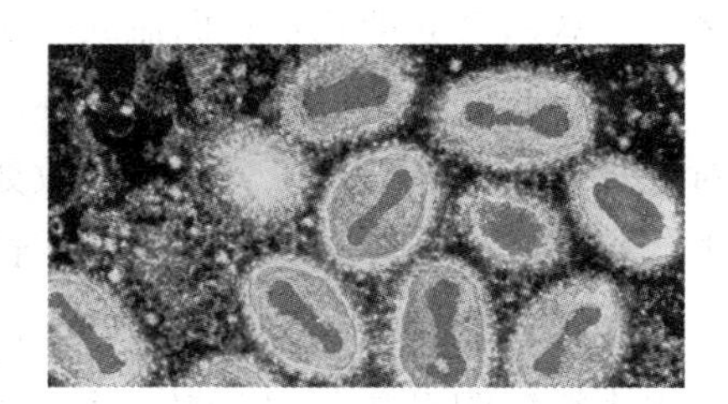

显微镜下的天花病毒

天花在欧洲称为“小痘”，罪魁祸首是天花病毒。据科学家分析，这种病毒早在1万年前就在地球上出现了。在距今3000多年以前的埃及木乃伊身上，考古学者发现了天花的疤痕。

## 道士带来的妙方

尽管天花这种烈性传染病令人谈虎色变，但人们在与它的长期斗争中，发现这一奇特现象：即使在天花最流行的地区，也有一些人幸存下来。这些人康复后，以后再不会得天花，好像具备了强大的免疫力。不仅如此，医师们还发现，那些接触过患者衣物的护理人员，虽然也会感染天花，但症状较轻，基本能康复。

这一现象引起了我国古代许多行医者的注意，经过长时间的观察，到了8世纪的唐代，有的医师大胆尝试了一种预防天花的方法——种痘免疫法：将天花痂粉吹入正常人鼻孔。这一方法果然奏效，并逐渐在民间流传。可以说，天花痂粉是人类首次发明的原始疫苗。

种痘免疫法的起源有点儿神秘色彩。据考证，最早尝试这一方法的是隐居峨眉山的道教炼丹家，至于他们在什么时候就掌握了这种方法，可能永远没有人知晓了。

种痘免疫法能得到推广，与北宋的宰相王旦（957～1017）有关。王旦的长子不幸死于天花，为了避免家里其他人染上这种可怕的传染病，王旦特从全国各地招集众多医生、术士，以期找到预防的方法。这些人当中就有一位来自峨眉山的隐居道士，他带来了天花痂粉，成功地预防了天花病的传染，一时在京城名声大振。这一方法也逐渐在京城推广，进而传遍全国。

需要指出的是，种痘免疫法具有一定的危险性，毕竟是将活体病毒注入健康人体内，有可能使人直接感染天花而死亡。因此，我国古代的医师一般不从病人身上获取天花物质，而是从种过痘而又出过一些痘痂的患者身上获取天花痂粉，将其放在棉花上，放置数天后，再置于接种人的鼻内。

峨眉道士掌握了天花免疫方法

经过长期实验，古人还总结了放置的时间多长才合适。清代的张琰在其1741年刊印的著作《种痘新书》中介绍："冬天的痂可保存三四十天，仍有活性，但夏天的痂保存20天左右就失效。"他还在书中总结了各种痂粉的用量。

## 世界上最早的免疫法

大约在 15 世纪，种痘免疫法传到中东。当地的阿拉伯人将其改良为皮内接种法——一有人染上天花，就用针刺患者的水泡，然后再用这支针刺入健康人的皮肤，使免疫效果显著增强。

1721 年，英国驻土耳其大使夫人蕾迪 · 玛莉 · 蒙塔古把这种接种法传入英国，并且很快在欧洲传播开来。

中国古代医学家发明的种痘免疫法，是世界上出现最早的接种方法，它为人类最终战胜天花奠定了基础，同时也为传染病的预防开辟了广阔的前景。

# 艺文斐然

# 永不停步的走马灯

走马灯，又名马骑灯，是灯笼的一种，也是中国孩子们喜爱的传统玩具之一，常见于除夕、元宵、中秋等节日。

走马灯的构造并不复杂，在一个或方或圆的纸灯笼中，插一铁丝作立轴，轴上方装一叶轮，其轴中央装两根交叉细铁丝，在铁丝每一端粘上人、马之类的剪纸。立轴下端附近则装一盏灯或一支烛，点燃后，热空气上升，而冷空气由下方进入补充，产生空气对流，从而推动叶轮旋转，并带动与立轴相连的各种剪纸转动。烛光将剪纸的影子投射在灯笼表面，人们便能从外面看到不断变化的图像，好像人马奔跑、你追我赶一样，故名走马灯。

## 王安石的好运气

有关走马灯的传说中，有一段居然与王安石有关。

传说王安石 23 岁那年去赶考，晚上上街闲逛，见马员外的房门口悬着一盏走马灯，上书一句对联："走马灯，灯走马，灯熄马停步。"

显然是在等人对下联。王安石看后，不禁拍手连称："好对！"他的意思是赞叹上联之奇妙，站在旁边的马家仆人误以为王安石有了下联，连忙入内禀告员外。

这上联是马家小姐为择婿而出的，当员外急忙出来找王安石时，却没有找到人。

在科场上，王安石第一个早早交卷，主考官见他交卷快，想试他的才艺，就指着厅前的飞虎旗出句说："飞虎旗，旗飞虎，旗卷虎藏身。"王安石不假思索地用马员外门前的"走马灯，灯走马，灯熄马停步"来对，自然又快又好，令主考官惊奇不已。

现代走马灯

这时，王安石又想起了走马灯带给他的机缘，忍不住又来到马家门前。马家仆人认出这是日前说"好对"的人，便请他到府中应对。有了主考官的飞虎旗，自然就好对了，马员外当即就将女儿许配给他，并择吉成婚。

正在举行婚礼时，有人来报"王大人高中，明日请赴琼林宴"。果真是"洞房花烛夜，金榜题名时"。

王安石捡来两联，上应主考，下获贤妻，一时传为美谈。

## 走马灯与燃气轮机

走马灯究竟是何时发明的，至今已无从考证。不过现在普遍认为，走马灯至少诞生于2000年前。相传秦二世拥有一盏神灯，点亮后，人们可以看到翻滚的巨大鳞片。

大约在公元180年，发明家丁缓制作了一个“九层博山香炉”，也就是走马灯，这是一个非常复杂的多层灯。灯上贴有各种珍禽异兽的造型。点燃后，伴随着灯火的闪烁，许多珍禽异兽围着香炉缓缓转动，十分吸引人。

宋代吴自牧的著作《梦粱录》里，描述了南宋都城临安热闹的夜市和人们买卖走马灯的场面。周密在《武林旧事》中记述临安也说：“若沙戏影灯，马骑人物，旋转如飞。”可见，走马灯在南宋时已极为盛行。

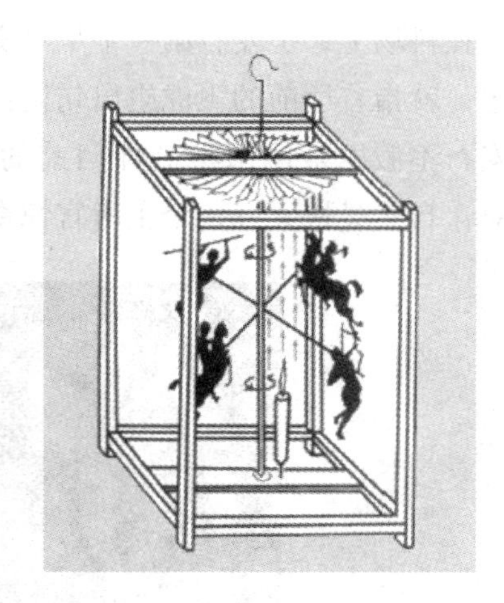

走马灯原理图

走马灯的图画其实是一幅幅独立的画，当它转动起来后，由于人眼对图像有滞留感，从而让人觉得画面是连续的。李约瑟博士指出，中国古代的艺术家们可能就是利用这些知识发现了电影原理。

走马灯虽是个玩具，但与近代燃气轮机的原理如出一辙。欧洲在1550年发明了燃气轮机，用于烤肉。在工业革命中，燃气轮机大规模用于工业生产，极大地提高了生产力。

小小的走马灯，居然推动了人类工业化的进程，这是它的发明者在当初未曾想到的。

# 风筝物语

“草长莺飞二月天，拂堤杨柳醉春烟。儿童散学忙来早，忙趁东风放纸鸢。”

阳春三月，柔风拂面。在公园，在广场，三三两两的人们牵引着细线，将一只只风筝送上了天空。阳光下，孩子们在奔跑，在欢笑，在他们的眼中，放飞风筝的日子总是那么美好，总是让人回味无穷。

放风筝

## 从木鸟到竹鹊

风筝，古时称为“鹞”“纸鸢”，是我国传统的民间工艺品，也是孩子们喜爱的玩具。它最早起源于中国，距今已有2400年的历史。实际上，风筝起初是用木材制作的。相传春秋战国时期，墨子在鲁山（今山东潍坊境内）“斫木为鹞”，而这只木鹞，就是世界上最早的风筝。

后来，鲁班根据墨子的理想和设计方案，对风筝进行了改进。他以竹子为材料，劈成薄片，用火烤弯曲，做成了喜鹊的样子，在空中飞翔达三天之久。有趣的是，这只“竹鹊”竟然能在空中翻跟斗呢。

从本质上来说，风筝的飞行原理和现代飞机相似，依靠绳子的拉力，使风筝与空气产生相对运动，从而获得向上的升力。

风筝发明之初，常被用于军事行动。相传楚汉相争时，在垓下之战中，项羽的军队被刘邦的军队围困，韩信派人用牛皮制成风筝，上敷竹笛，迎风作响（一说张良用风筝系人吹箫）。汉军配合笛声，唱起楚歌，涣散了楚军士气，这就是成语“四面楚歌”的故事。到南北朝，风筝成为传递信息的工具。

各种风筝剪纸



## 风筝与娱乐

东汉期间，蔡伦发明造纸术后，坊间开始以纸做风筝，“纸鸢”一词终于诞生。唐朝建立后，由于社会安定，经济繁荣，各种文化娱乐活动盛行。作为军事用途的风筝，开始变身为民间娱乐用品，成为孩子们喜爱的玩具。

从五代开始，人们在纸鸢上加哨子，其鸣如筝，故称“风筝”。现在我们说的风筝，其实是统称，把那些没有哨子的纸鸢，都叫作风筝了。

到了宋代，放风筝已是一项百姓喜闻乐见的活动，也是文人墨客艺术创作中的一种题材。宋人周密在《武林旧事》中，描写了清明时节人们到郊外放风鸢，日暮方归的场面。张择端的《清明上河图》和苏汉臣的《百子图》里，都有放风筝的生动景象。这一时期，风筝在扎制和装饰上都有了很大的发展。同时由于社会上对风筝的需求量很大，制作风筝成为一种专门的职业。

放风筝

明清时代，是中国风筝发展的鼎盛时期。风筝在大小、样式、扎制、装饰和放飞技艺上，都有了超越前代的巨大进步。当时的文人亲手扎绘风筝，除自己放飞外，还赠送亲友，并视为一种极为风雅的活动。据说《红楼梦》作者曹雪芹，也是一位风筝制作大师。

和中国人比起来，欧洲人接触风筝的历史并不长。相传在公元前5世纪时，希腊的阿尔克达斯就发明了风筝，可惜后来失传。直到公元13世纪，意大利人马可·波罗从中国返回欧洲后，风筝才开始在西方传播开来。在一些国家的博物馆中，至今还展示有中国风筝，如美国国家博物馆中的一块牌子醒目地写着："世界上最早的飞行器是中国的风筝和火箭。"英国博物馆也把中国的风筝称为"中国的第五大发明"。

# 从孔明灯到热气球

孔明灯

现代热气球

热气球是一种常见的飞行工具，它利用热气体比空气轻的原理使气球升上天空，从而达到载人、旅行等目的。1783 年，法国的蒙戈菲尔兄弟在巴黎首次成功进行了热气球载人空中飞行，从而实现了人类飞上蓝天的梦想，也让热气球成为一项受人喜爱的世界性的体育运动。

你也许不知道，古代中国人在很久以前就掌握了热气球的飞行原理，并一直在制作和使用一种特殊的热气球——孔明灯。

早在公元前2世纪，中国人就已经发明了微型热气球。其实，这种微型热气球是用蛋壳制造的，小巧而又可爱。《淮南万毕术》一书曾提到它的具体制作方法：取一个鸡蛋，通过小孔去掉蛋黄和蛋清，然后将点燃的艾蒿塞入孔中，这样蛋壳内的空气就会变热，产生升力，托举蛋壳飞上天空。

这是世界上关于热气球的最早记录，其实在古代中国，人们脑海中虽然没有“热气球”这一概念，但却一直利用热气球的原理来制作和使用孔明灯，并延续到今天。

孔明灯是一种纸质灯笼，相传是三国时诸葛亮发明的，因诸葛亮字孔明，所以称为孔明灯。据说当年，诸葛亮被司马懿围困于阳平，无法派兵出城求救，他算准风向，制成会飘浮的纸灯笼，系上求救的纸条，后来果然脱险。

孔明灯的结构可分为主体与支架两部分，均以竹篾编成，再用棉布或薄纸糊成灯罩，开口朝下。孔明灯可大可小，可圆形也可长形。无论形状如何变化，其工作原理始终不变——都是利用热空气产生的升力来飞行。后人猜想，诸葛亮一定是掌握了这个物理学原理，才制作了孔明灯，再利用风向，达到求救的目的。可以说，孔明灯已经具备了现代热气球的主要特征，是现代热气球的鼻祖。

孔明灯发明之后，主要用在了两个方面：一是军用，就像现代的信号弹一样，可以作为夜间军事行动的信号；二是成了民间的一项习俗，人们把放飞孔明灯作为祈福仪式，亲手写下祝福的心愿，象征年年丰收，幸福安康。

与中国人相比，欧洲在热气球的飞行尝试方面落后了1500多年。虽然起步比较晚，不过却在中国孔明灯的基础上迈出了实质性的一步——载人飞行，并最终获得了成功。二战后，高新技术使球皮材料以及致热燃料得到普及，热气球成为不受地点约束、操作简单方便的公众体育项目。

# 世界上最美的文字

汉字，作为记录中华文明的符号，是世界上历史最为悠久的文字之一。没有哪一种文字像汉字那样，历尽沧桑，青春永驻。古埃及5000年前的圣书字是人类最早的文字之一，但它后来消亡了；苏美尔人的楔形文字也有5000年的历史，但在公元330年后也消亡了；此外，世界上还有一些著名的文字如玛雅文、波罗米文等等，但是它们都没能保存下来。而汉字不但久盛不衰，独矗世界文字之林，还不断地得以发展，影响也越来越大……据统计，目前使用汉字和汉语的人数达到16亿以上，是世界上使用人数最多的文字。

汉字的鼻祖——甲骨文



## 仓颉造字

关于汉字的起源，民间还流传着这样的传说——

远古时期，人们结绳记事，即大事打一大结，小事打一小结，相连的事打一连环结。后来，又发展到用刀子在木竹上刻符号记事。黄帝统一华夏之后，事情繁多，用结绳和刻木的方法，远远满足不了要求，于是就命他的史官仓颉想个办法来解决这个问题。于是，仓颉就在当时的洧水河南岸的一个高台上造屋住下，专心致志地思考起来。可是，他苦思冥想，想了很长时间也没有一个好办法。

说来凑巧，有一天，仓颉正在思索之时，只见天上飞来一只凤凰，嘴里叼着的一件东西掉了下来，正好掉在仓颉面前。仓颉拾起来，看到上面有一个蹄印，可仓颉辨认不出是什么野兽的蹄印，正巧走来一个猎人。猎人看了看说：“这是貔貅的蹄印，与别的兽类的蹄印不一样。别的野兽的蹄印，我一看也知道。”仓颉听了猎人的话很受启发。他想，万事万物都有自己的特征，如能抓住事物的特征，画出图像，大家都能认识，这不就把问题解决了吗？

从此，仓颉便注意仔细观察各种事物的特征，譬如日、月、星、云、山、河、湖、海，以及各种飞禽走兽、应用器物，并按其特征画出图形，造出许多象形符号来。他还给这些符号起了个名称，叫作“字”。这样日积月累，时间长了，仓颉造的字也就多了。

仓颉

仓颉把他造的这些象形字献给黄帝，黄帝非常高兴，立即召集九州酋长，让仓颉把造好的字传授给他们。从此，这些象形字便开始广泛传播开来。不久，上天知道了这件事，下了一场谷子雨奖励仓颉。这便是人间谷雨节的由来。

为了纪念仓颉造字之功，后人把河南新郑县城南仓颉造字的地方称作“凤凰衔书台”。宋朝时，人们还在这里建了一座庙，取名“凤台寺”。

尽管仓颉造字的故事十分动人，但毕竟只是一种传说。目前学术界较为普遍的看法是，成系统的文字工具不可能完全由一个人创造出来，流传下来的仓颉造字的传说，说明仓颉应当是在汉字发展中具有特别重大贡献的人物，他可能是整理汉字的集大成者。

## 几千年的演变

汉字起源的历史就是中国古代文明的开端历史，所以通常我们说汉民族有5000年文明史。现代学者认为，汉字真正起源于原始图画，一些出土文物上刻画的图形，很可能与文字有渊源。

大约在距今6000年的半坡遗址出土的陶器外壁，已经出现刻画符号，共达50多种。它们整齐规划，并有一定规律性，具备简单文字的特征，可能是我国文字的萌芽。在距今约四五千年的大汶口文化遗址晚期和良渚文化遗址的陶器上，发现有更整齐规则的图形刻画，是早期的图形文字。

| 甲骨文 | [illegible] | [illegible] | [illegible] | [illegible] |
|---|---|---|---|---|
| 金文 | [illegible] | [illegible] | [illegible] | [illegible] |
| 小篆 | 日 | 月 | 車 | 馬 |
| 隶书 | 日 | 月 | 車 | 馬 |
| 楷书 | 日 | 月 | 車 | 馬 |
| 草书 | [illegible] | [illegible] | [illegible] | [illegible] |
| 行书 | 日 | 月 | 車 | 馬 |

汉字的演变

20世纪80年代初，在河南登封夏文化遗址发掘出的陶器上，发现了更完备的文字。这是迄今为止我国有确切时代的最早的文字。

商周时期，通用的文字是甲骨文。这是一种成熟而系统的文字，为后世的汉字发展奠定了基础。之后流行的青铜铭文（金文）虽有字数的增加，但形体并无大的变化。

春秋以后，由于诸侯割据，“文字异形”。秦统一后，为巩固统治，始皇帝令丞相李斯、中车府令赵高、太史令胡毋敬等整理文字，以原秦国字为基础制定出小篆，作为标准字体，通令全国使用。稍后，程邈又依当时民间流行的字体，整理出更简便的字体隶书，并作为日用文字在全国广为流传。

曹魏时，钟繇创立真书（楷书）。至此汉字的演化已臻完善。不仅如此，自东汉末年起，汉字的书写已成一种专门的艺术——书法。

## 无穷的魅力

汉字这个名称，得名于汉族和汉朝。汉字一字一音，每个音又分为四个音调，因此读起来响亮清晰，婉转动听，有节奏感，有音乐美，是世界上最美的语言。用这种语言写成的诗文，有铿锵悦耳、抑扬顿挫的美感，特别是诗，讲究平仄、对仗，所以，诗句可以特别整齐、节奏特别鲜明，朗朗上口。





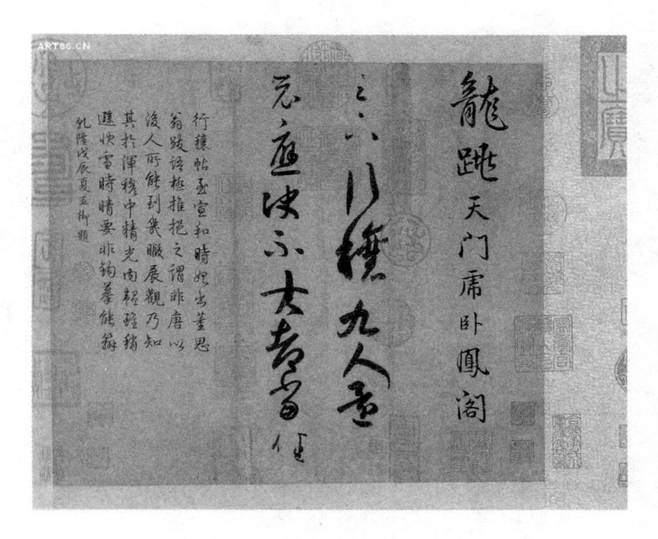

王羲之书法

汉字优美到什么程度呢？它已成为一种艺术——书法艺术，这是任何其他文字所无法相比的。从形体上看，汉字是由笔画构成的方块形符号，所以也被称为“方块字”。它是由象形文字（表形文字）演变成兼表音义的意音文字，但总的体系仍属表意文字。所以，汉字具有集形象、声音和词义三者于一体的特性。

汉字的表意性，使汉字成为世界上唯一能够跨越时空的文字。只有中国的儿童，仍能读懂2500年前的《诗经》，朗诵“关关雎鸠，在河之洲，窈窕淑女，君子好逑”；只有中国的教材，能把唐诗、宋词作为儿童必读的启蒙材料。而三四百年前的英文，除了专家之外，其他人很难读懂。可见，汉字更有利于读者形成“形-义”的直接联系。

作为古老灿烂文明的传承者，汉字不仅是一项最美的发明，也是华夏儿女的最终的精神家园。

# 黑白世界的较量

古人常以“琴棋书画”论及个人的才华和修养，其中的“棋”，指的就是围棋。围棋是中华传统文化中的瑰宝，体现了中华民族对智慧的追求。

## 尧造围棋，以教丹朱

围棋，我国古代称为弈，在整个古代棋类中可以说是棋之鼻祖，相传已有4000多年的历史。据《世本》记载，围棋是由尧帝发明的。

尧帝和散宜氏所生的儿子叫丹朱，十几岁了却游手好闲，经常招惹事端。尧帝为此颇感头痛，决定让他学习一门技艺，将来好接自己的班。起初，他想让丹朱学习狩猎，令其去山上练习射箭，没想到丹朱对此毫无兴趣。

一天，尧帝带人上山巡查时，看到丹朱把弓箭扔在一边晒太阳，叹了一口气说：“你不愿学打猎，就学行兵征战的石子棋吧，石子棋学会了，用处也大着哩。”丹朱心想：“下石子棋还不容易吗！坐下一会儿就学会了。”尧帝说：“哪有一朝一夕就能学会的东西，你只要肯学就行。”说着拾起箭来，用箭头在一块山石上用力刻画了纵横十几道方格子，让卫士们捡来一大堆山石子，又分给丹朱一半，手把着手地将自己在率领部落征战过程中，如何利用石子表示前进后退的作战谋略讲解给丹朱听。丹朱倒也听得进去，显得很有耐心。

随后一段时间，丹朱坐在家中学棋，十分认真。尧帝的心里稍微踏实了一些，他对散宜氏说：“石子棋包含着很深的道理，丹朱如果真的回心转意，明白了这些道理，接替我的帝位，是自然的事情啊。”

谁料好景不长，丹朱棋还没学好，却又坐不住了，和从前的一帮狐朋狗友混到了一起，甚至想用诡计夺取父帝的位置。这让散宜氏痛心不已，大病一场，怏怏而终。尧帝也十分伤心，他把丹朱遣送到南方，再也不想看见他。不久，尧帝把帝位禅让给经过他三年严格考查的虞舜。

虞舜即位后，也学尧帝的样子，用石子棋教子商均。从此以后，陶器上便产生围棋方格的图形，史书便有“尧造围棋，以教丹朱”的记载。



## 从“举棋不定”说起

春秋战国时期，围棋已在社会上广泛流传了。《左传·襄公二十五年》曾记载了这样一件事：公元前559年，卫国的国君献公被卫国大夫宁殖等人驱逐出国。后来，宁殖的儿子又答应把卫献公迎回来。文子批评道：“宁氏要有灾祸了，弈者举棋不定，不胜其耦，而况置君而弗定乎?”用“举棋不定”这类围棋中的术语来比喻政治上的优柔寡断，说明围棋已在当时流行起来。

在汉朝，围棋是培养军人才能的重要工具。东汉的马融在《围棋赋》中，就将围棋视为小战场，把下围棋当作用兵作战，“三尺之局兮，为战斗场；陈聚士卒兮，两敌相当”。当时许多著名军事家，像三国时的曹操、孙策、陆逊等都是疆场和棋

汉墓中出土的棋盘实物

枰这样大小两个战场上的佼佼者。著名的“建安七子”之一的王粲，除了以诗赋闻名于世外，同时又是一个围棋专家。据说他有着惊人的记忆力，对围棋之盘式、着法等了然于胸，能将观过的“局坏”之棋，重新摆出而不错一子。

南北朝时期玄学的兴起，导致文人学士以尚清谈为荣，因而弈风更盛，下围棋被称为“手谈”。上层统治者也无不雅好弈棋，他们以棋设官，建立“棋品”制度，对有一定水平的“棋士”，授予与棋艺相当的“品格”（等级）。当时的棋艺分为九品，《南史 · 柳恽传》载：“梁武帝好弈，使恽品定棋谱，登格者二百七十八人”，可见棋类活动之普遍。现在日本围棋分为“九段”，即源于此。

## “棋待诏”——御前专业棋手

唐宋时期，由于帝王和贵族的喜爱，围棋得到长足的发展，对弈之风遍及全国。这时的围棋功能，已不仅在于它的军事价值，而主要在于陶冶情操、愉悦身心、增长智慧。弈棋与弹琴、写诗、绘画被人们引为风雅之事，成为男女老少皆宜的游艺娱乐项目。在新疆吐鲁番阿斯塔那第 187 号唐墓中出土的《仕女弈棋图》绢画，就是当时贵族妇女对弈围棋情形的形象描绘。

宋元时期印花纹瓷质围棋子

唐代《仕女弈棋图》绢画

唐代“棋待诏”制度的实行，是中国围棋发展史上的一个新标志。所谓棋待诏，就是唐翰林院中专门陪同皇帝下棋的专业棋手。他们都是经过严格考核后入选的，具有第一流的棋艺，故有“国手”之称。

昌盛的围棋随着中外文化的交流，逐渐越出国门。来自日本和新罗的遣唐使团将围棋带回国，很快就流传开来。这些国家不但涌现了许多围棋名手，而且对棋子、棋局的制作也非常考究。《新唐书·东夷传》中，就记述了唐代围棋高手杨季鹰与新罗的棋手对弈的情形。

棋待诏制度从唐初至南宋延续了500余年，对中国围棋的发展起了很大的推动作用。

## “当湖十局”——高手间的对决

到了明清时代，长期为士大夫垄断的围棋，开始在市民阶层中发展起来，并涌现出了一批民间高手。他们通过频繁的比赛活动，使得围棋进一步得到了普及，一些民间棋艺家编撰的围棋谱也大量涌现，如明代的《适情录》《石室仙机》《三才图会棋谱》《弈史》《弈问》，清代的《四子谱》等，都是不可多得的杰作。

从康熙末年到嘉庆初年，弈学更盛，棋坛涌现出了一大批名家，梁魏今、程兰如、范西屏、施襄夏被称为“四大家”。其中，施、范二人皆浙江海宁人，同于少年成名，人称“海昌二妙”。据说在施襄夏30岁、范西屏31岁时，二人对弈于当湖，经过十局交战，胜负相当。“当湖十局”下得惊心动魄，成为流传千古的精妙之作。

由于围棋将科学、艺术和竞技三者融为一体，有发展智力、培养意志品质的特点，因而几千年来长盛不衰。直至今日，围棋依然受到许多中国青少年的喜爱。

# 对决在楚河汉界

如果说围棋是一种高雅的艺术，讲究心静神和，那么象棋就是一种民间最为流行的艺术。不论在大街小巷，还是公园广场，可以常常看见人们三五成群聚在一起下象棋。可以说，象棋是我国民间最受欢迎的智力娱乐活动之一。

## 一

中国象棋具有悠久的历史，关于它的起源，可谓众说纷纭。有的说是远古时期的黄帝或是神农氏发明的，也有的说是武王伐纣时期创制的。不过，象棋在战国时期已经有了确切记载，如《楚辞·招魂》中有“蓖蔽象棋，有六簿些；分曹并进，遒相迫些；成枭而牟，呼五白些”。由此可见，远在战国时代，象棋已在贵族阶层中流行开来了。从史书记载推断，象棋当在周代建朝（公元前 11 世纪）前后产生于中国南部的氏族地区。

同世界上一切事物一样，象棋的发展也经历了简单到复杂，由易到难，由初级到高级的发展过程，才慢慢形成了我们今天所见到的象棋。

最初期的象棋，棋制由棋、箸、局等三种器具组成。两方行棋，每方六子，分别为：枭、卢、雉、犊、塞（两枚）。棋子用象牙雕刻而成；箸，相当于骰子，在下棋之前先投箸；局，是一种方形的棋盘。比赛时，“投六箸，行六棋”。这种棋制与春秋时期的兵制很相似。由此可见，早期的象棋，是象征当时战斗的一种游戏。

在早期象棋的基础上，又衍生出一种叫“塞”的棋戏，只行棋不投箸，摆脱了早期象棋侥幸取胜的成分。秦汉时期，塞戏颇为盛行，当时又称塞戏为“格五”。从湖北云梦西汉墓出土的塞戏棋盘和甘肃武威磨嘴子汉墓出土的彩绘木俑塞戏，可以印证汉代《塞赋》中对塞戏形制的描写，看出象棋的发展脉络。





## 二

三国时期，象棋的棋制还在演变，并且已经与印度发生了传播关系。到南北朝时的北周朝代，武帝（公元 561 ~ 578 年在位）制《象经》，王褒写《象戏·序》，庾信写《象戏经赋》，标志着象棋形制大改革的完成。

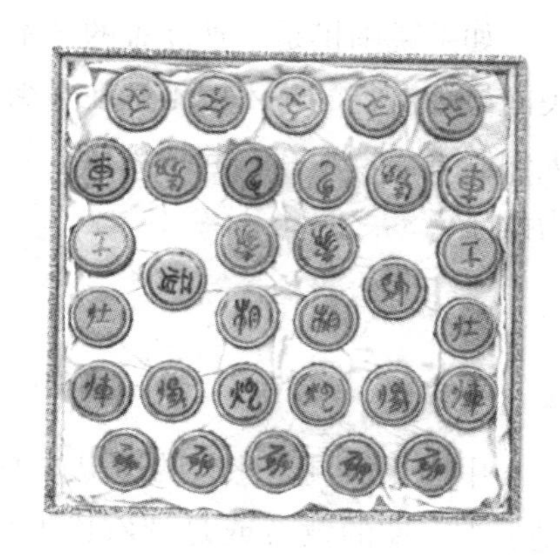

北周武帝宇文邕发明的象棋

隋唐时期，象棋活动开始活跃起来。唐代象棋有了一些变革，象棋只有“将、马、车、卒”四个兵种，棋盘和早期国际象棋一样，由黑白相间的 64 个方格组成。从很多相关的文物中可略见一斑。如北宋初期饰有“琴棋书画”图案，以八格乘八格的明暗相间的棋盘来表示棋的苏州织锦，以及河南开封出土的背面有图形的铜质棋子等。

经过近百年的实践，象棋于北宋末期基本定型，形成了经典模式：32 枚棋子，黑、红棋各有将 1 个，车、马、炮、象、士各两个，卒

（兵）5 个。在棋制中不仅增加了士、象，还因发明了火药而增加了炮。这是象棋最重要的一次变革。

南宋时期，象棋更是家喻户晓，成为流行极为广泛的棋艺活动。李清照、刘克庄等文学家，洪遵、文天祥等政治家，都嗜好下象棋。宫廷“棋待诏”中，有一半是象棋棋手。在民间还有成为“棋师”的专业棋手，还有专门制作象棋棋子和棋盘的手工业者。

明朝时，有人把一方的“将”改为“帅”，这时的象棋就与现在我们常见的中国象棋一样了。明清时期，象棋的技术得到很大的提高，也出现了很多关于象棋的专著。如《梦入神机》《金鹏十八变》《橘中秘》《适情雅趣》《梅花谱》《竹香斋象棋谱》等。当时很多文人像杨慎、唐寅、郎英、袁枚都爱好下棋，显示了象棋受到社会各阶层民众喜爱的状况。

## 三

新中国建立之后，象棋进入了一个崭新的发展阶段。1956 年，象棋成为国家体育项目。以后，几乎每年都举行全国性的比赛。1962 年成立了中华全国体育总会的下属组织——中国象棋协会，各地相应建立了下属协会机构。半个多世纪以来，由于群众性棋类活动和比赛的推动，象棋棋艺水平提高得很快，优秀棋手不断涌现，其中以杨官璘、胡荣华、柳大华、赵国荣、李来群、吕钦、许银川等最为著名。

历史证明，象棋是中国古代人民在长期实践中不断创造革新的成果，它深深地扎根在我国劳动人民之中。它与琴、书、画并列，被称为四大艺术之一，也是我国古代文化宝库中光芒夺目的一颗明珠。

# 震撼人心的韵律

编钟和鼓，都是我国富有民族特色的打击乐器。它们同样都有悠久的历史，同样都能发出震撼人心，极具穿透力的声音……

## 编 钟

编钟是我国古代的一种重要的打击乐器，用青铜铸成，它由大小不同的扁圆钟按照音调高低的次序排列起来，悬挂在一个巨大的钟架上。用丁字形的木槌和长形的棒分别敲打铜钟，能发出不同的乐音，因为每个钟的音调不同，按照音谱敲打，可以演奏出美妙的乐曲。

编钟的发声原理大体是，编钟的钟体小，音调就高，音量也小；钟体大，音调就低，音量也大，所以铸造时的尺寸和形状对编钟有重要的影响。

早在3500年前的商代，我国就有了编钟，不过那时的编钟多为3枚一套。后来随着时代的发展，每套编钟的数目也在不断增加。编钟兴起于西周，盛于春秋战国直至秦汉。

在我国古代，编钟是上层社会专用的乐器，是等级和权力的象征，在民间很少流传。每逢征战、朝见或祭祀等活动时，都要演奏编钟。

新中国成立后，在我国云南、山西、湖北等地的墓葬中，先后出土了许多古代的编钟。由于年代不同，编钟的形状也不尽相同，但钟身都绘有精美的图案。其中最引人注目的，是1978年在湖北随州曾侯乙墓发现的编钟，它是公元前433年的实物。

这套编钟工艺精美，用料是铜、锡、铅，装饰有人、兽、龙等花纹，细致清晰，还标有和乐律有关的铭文2800多字，标明各钟的发音音调并记录了许多音乐术语。编钟的音域可以达到五个八度，音阶结构接近于现代的 C 大调七声音阶。可见远在 2400 多年以前，我国的古代音律科学和青铜铸造技术已经发展到相当高的水平，它比欧洲十二平均律的键盘乐器的出现要早将近 2000 年。

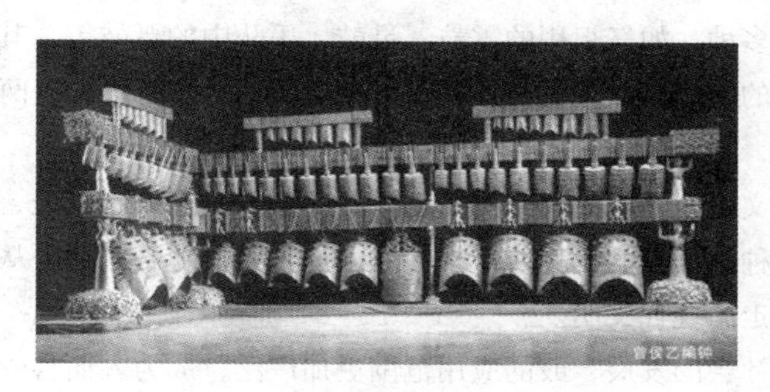


曾侯乙编钟

曾侯乙编钟是目前中国出土数量最多、规模最大、保存较好的编钟，被誉为人类文化史上的奇迹。它的出土，使世界考古学界为之震惊，因为在 2000 多年前就有如此精美的乐器，如此恢宏的乐队，在世界文化史上是极为罕见的。曾侯乙编钟是我国古代人民高度智慧的结晶，也是我们中华民族的骄傲。





## 鼓

鼓是一种传统的打击乐器，在远古时期，被尊奉为通天的神器，主要是作为祭祀的器具。鼓的结构比较简单，是由鼓皮和鼓身两部分组成。鼓皮是鼓的发音体，通常是用动物的皮革蒙在鼓框上，经过敲击或拍打使之振动而发声。

中华民族是最早使用鼓的民族之一。出土文物证明，早在距今 7000 年前的新石器时代，先民就开始了陶鼓的制造。陶鼓又称土鼓，是用陶土烧制成鼓框，再蒙上动物的皮革做成的。在我国以瓦为框制造陶鼓的传统，沿袭了很久。

由于鼓具有良好的共鸣作用，声音激越雄壮而传声很远，所以很早就被华夏祖先用作狩猎征战的助威工具。相传黄帝征服蚩尤的涿鹿之战中，“黄帝杀蚩尤，以其皮为鼓，声闻五百”。上古时代的战鼓，皆由鳄鱼皮制成，而鼓皮选用鳄鱼皮，是取鳄鱼的凶猛习性以壮鼓声。

鼓作为乐器是从周代开始的。周代有八音，鼓是群音的首领，古文献所谓“鼓琴瑟”，就是琴瑟开弹之前，先由鼓声作为引导。这个时候，王室已专门设置“鼓人”来管理鼓制，安排击鼓等事。鼓人管理的鼓有许多种，如祭祀用的雷鼓、灵鼓，乐队中的晋鼓等。其中，专门用于军事的叫“汾鼓”，据说这是一种长八尺、鼓面四尺、两面蒙革的大鼓。

鼓的文化内涵博大而精深。从原始的陶鼓、土鼓、皮鼓、铜鼓，一直发展到种类繁多的现代鼓，雄壮的鼓声紧紧伴随着人类，从远古的蛮荒一步步走向现代文明。

随着社会的发展，鼓的应用范围更加广泛，成为人们喜爱和广泛应用的乐器之一。在戏剧曲艺、歌舞表演、赛船舞狮、喜庆集会、劳动竞赛等各种活动中，都离不开鼓类乐器。“咚咚……”昂扬激越的鼓声，将始终伴随我们前行。

宋代黑釉帖花纹鼓

威风锣鼓

# 现代足球的祖先

“十年蹴鞠将雏远，万里秋千习俗同。”这是杜甫诗作《清明》中的一句，诗中提到的“蹴鞠”，是现代足球运动的鼻祖。早在战国时期，先人们就发明了足球，并开展了足球比赛。

## 汉代：最早的球星和球迷

汉朝人把蹴鞠视为“治国习武”之道，不仅在军队中广泛展开，而且在宫廷贵族中普遍流行。《西京杂记》上记载：刘邦当了皇帝之后，把父亲刘太公接到长安城的未央宫养老，吃穿用度极尽豪华，终日看歌舞伎乐。但他却并不满意，一直闷闷不乐。原来刘太公自幼生活在城市下层，接近凡夫走卒、屠狗杀牛之辈，工作之余的娱乐活动离不开斗鸡、蹴鞠。于是，刘邦就下了一道圣旨，在长安城东百里之处，仿照原来沛县丰邑的规模，造起了一座新城，把原来丰邑的居民全部迁驻到新城，刘太公和刘温也迁驻到那里，又开始“斗鸡、蹴鞠为欢”，这才心满意足。

由于蹴鞠运动的兴盛，汉代还出现了研究这项运动的专著，汉代曾有人写了一部《蹴鞠二十五篇》，这是我国最早的一部体育专业书籍，也是世界上第一部体育专业书籍。可惜后来失传了。

西汉时期的项处是第一个因足球而名垂青史的人，不过他的经历却很不幸。《史记·扁鹊仓公列传》记载，名医淳于意为项处看病，叮嘱他不要过度劳累，但项处不听，仍外出踢球，结果呕血身亡，这也使得项处成为世界上第一个有史可查的狂热“球迷”。

## 唐代：女子足球的诞生

蹴鞠运动在唐代也很受欢迎，从民间到皇室，都有狂热的蹴鞠爱好者，如唐文宗、唐僖宗，都对蹴鞠乐此不疲。在踢球方法上，汉代是把球员分成两队直接对抗，而唐代则是双方各在一侧，中间隔着球门，以射门“数多者胜”。

唐代在制球工艺上有两大改进：一是把用两片皮合成的球壳改为用八片尖皮缝成圆形的球壳，球的形状更圆了；二是把球壳内塞毛发改为放一个动物尿泡，“嘘气闭而吹之”，成为充气的球，这在世界上也是首次发明。据世界体育史记载，英国发明吹气的球是在 11 世纪，比我国唐代晚了三四百年时间。

唐代女子蹴鞠的场景

唐代的足球——八片鞠

由于球体轻了，又无激烈的奔跑和争夺，唐代开始有了女子足球。女子足球的踢法是不用球门的，以踢高、踢出花样为能事，称为“白打”。王维在《寒食城东即事》一诗中描述：“蹴鞠屡过飞鸟上，秋千竞出垂杨里”，可见踢球之高。

## 宋代：最早的足球俱乐部

在施耐庵的《水浒传》中，描写了一个因踢球而发迹的人物——高俅。高俅球技高超，因陪侍宋徽宗踢球，被提拔当了殿前都指挥使。

这件事说明，宋代的皇帝和官僚是喜爱踢球的，有些人本身爱踢球，有些人爱看踢球。据记载，北宋汴梁城和南宋临安城，专门有一批在重要宴会上表演踢球的名手，如苏述、孟宣、张俊、李正等，这些人可以算是当时的足球明星了。

南宋杭州的踢球艺人还组织了自己的团体，叫作“齐云社”，又称“圆社”。这是专门的蹴鞠组织，专事蹴鞠活动的比赛组织和宣传推广，这是我国最早的单项运动协会，类似于今天的足球俱乐部。也可以说，齐云社就是世界上最早的足球俱乐部，比著名的曼联足球俱乐部早诞生了 800 年。

南宋《武林旧事》曾列出了“筑球三十二人”竞赛时两队的名单与位置：“左军一十六人：球头张俊、跷球王怜、正挟朱选、头挟施泽、左竿网丁诠、右竿网张林、散立胡椿等；右军一十六人：球头李正、跷球朱珍、正挟朱选、副挟张宁、左竿网徐宾、右竿网王用、散立陈俊等”。这恐怕是历史上的第一份足球“首发名单”了。

宋代蹴鞠图

宋代的足球和唐代的踢法一样，有用球门的间接比赛和不用球门的“白打”，但书上讲的大多都是白打踢法。所谓“脚头十万踢，解数百千般”，就是指踢球花样动作，使“球终日不坠”“球不离足，足不离球，华庭观赏，万人瞻仰”。由此看来，宋代的足球技术，已由射门比准向注重灵巧和控制球方面发展。

宋代制球工艺比唐代又有提高，球壳从八片尖皮发展为“十二片香皮砌成”；原料是“熟硝黄革，实料轻裁”；工艺是“密砌缝成，不露线角”；做成的球重量要“正重十二两”；足球规格要“碎凑十分圆”。这样做成的球当然质量是很高了。当时手工业作坊制作的球，已有 40 个不同的品种。

# 捶丸：中国古代的高尔夫球

“城间小儿喜捶丸，一棒横击落青毡。纵令相隔云山路，曲折轻巧入窝圆。”

这首诗歌，描写的是中国古代孩童在玩捶丸游戏的场面。捶丸，顾名思义，捶是“打”的意思，丸就是球，因此，捶丸就是打球。它是中国古代最有名的球戏之一，也是现代高尔夫球的祖先。



## 盛行三代的击球游戏

捶丸最显著的特点是场上设球洞，又叫“家”，洞边插小旗。捶丸时，以球入洞为胜，胜则得筹。

《明宣宗行乐图》中的捶丸场面

捶丸究竟是什么时候起源的，目前并没有明确的说法。我们只是知道，捶丸在其发展过程中，曾流行于宋、元、明三代。上至皇帝大臣，下至三教九流，皆乐此不疲。在元杂剧《逞风流王焕百花亭》中，王焕自夸什么游戏都会，“折莫是捶丸、气球、围棋、双陆、顶针续麻、拆白道字……”在《庆赏端阳》剧本中，道白亦云：“你敢和我捶丸射柳，比试武艺么?”

此外，现存于山西省洪洞县广胜寺水神庙的壁画中，还有一幅保存完整的元代捶丸图。图中，两男子身穿朱色长袍，右手各握一短柄球杖。左一人正面俯身作击球姿势，右一人侧蹲注视前方地上的球穴，稍远处有两侍从各持一棒，棒端为圆球体，居中者伸手指点球穴位置。它是元代民间捶丸活动的真实反映。

捶丸实物

明朝时期所绘的《宣宗行乐图》也印证了此观点，它被描述为“在走路的过程中，用棍子击球的运动”。现在就让我们仔细欣赏一下这幅画——

明宣宗的私人球场上，草皮剪裁得平服妥帖，草皮上共有 10 个球洞，正如今天高尔夫球场在每个球洞插有旗杆，图中每个球洞也各插有不同颜色的彩旗作为提示。画中挥杆人就是明宣宗，以皇帝之尊打球，排场足以让今天的运动明星咋舌。宣宗的球杆，一根根分门别类放在特制的球台上，一旁还有两人看守，多位可能具有太监身份的“杆弟”，一人捧着一根推杆，大气不喘、小心翼翼地等候主子换杆。

类似明宣宗捶丸的中国古画还有多幅，画中挥杆人有孩童、有仕女，显然，当时人们不分男女老幼，都爱捶丸。

# 捶丸专著——《丸经》

关于捶丸的活动方式和特点，在其盛行不久后即有人进行了总结和研究。元世祖至元十九年（1282），有一个署名为“宁志斋”的人，编写了一本《丸经》，详细记录了捶丸的发展历史、活动场地、器具、竞赛规则，以及各种不同的击法和战术等。

根据《丸经》记载，中国在宋朝已出现捶丸运动，当时最爱追逐小白球的帝王当属宋徽宗与金章宗。两人平日“深求古人之宜制，而益致其精也”，就像现代人借助教练来改善球技，两位帝王以古为师，让球技精益求精。



丸經上卷

嘉禾周履靖校正

金陵荆山書林梓

承式章第一

捶丸之制全式爲上破式次之違式出之 [illegible]

[illegible]

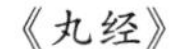

《丸经》

现代高尔夫运动

至于帝王的球杆，则以纯金打造，顶上缀饰玉器。结束球戏后，两人的球具不装在球袋而收藏在锦盒中，所谓“盛以锦囊，击以彩棒，碾玉缀顶，饰金缘边”，今天八九十万一套的名贵球具与之相较起来，恐怕都嫌寒碜。

《丸经》全书目录有32章，从捶丸比赛规则到挥杆要领，从球棒的制造到场地如何保养，洋洋洒洒，专业与精致的程度丝毫不输现代高尔夫球运动。比如捶丸的球杆就有杓棒、扑棒、单手、鹰嘴等10种，供人在不同条件下选用，打出不同的球。这与高尔夫选手在比赛中需要用到木杆、铁杆、长杆、短杆辅助，简直是惊人的相似。

在《丸经》里，捶丸的比赛用球，是用赘木制作的，又叫树瘤子。这种木头生长不规则，树纤维绞结紧密，十分坚牢，久击而不坏。

古代人们除了利用天然山坡进行捶丸比赛，还在平坦的草地上故意设置高低不平的障碍，并划定击球点，称为“基”。捶球时分头棒、二棒、三棒，头棒需先安基再击球，每棒以前一落球处为新的起点。今天高尔夫球也设有发球座，作为每一洞的发球点。可以这么说，除了名称不同，现代高尔夫运动几乎是捶丸的整套球戏模式的翻版。

## 现代高尔夫球的鼻祖

经过了宋辽金元以至明代的发展繁荣后，捶丸活动于清代趋向衰落，所见的仅是盛行于妇女、儿童间的简单捶丸游戏。

同中国古代的其他体育活动一样，捶丸在历史发展过程中，也曾随着文化的交流传至朝鲜半岛和日本，并对现代高尔夫的出现和演变产生了重要影响。

现代高尔夫球的规则，是在1754年由苏格兰的圣·安德鲁斯高尔夫球友会制定。而按照《丸经》的记述，中国捶丸的竞赛规则早在1282年就已经成立，时间比英国的高尔夫球竞赛规则的确定时间早472年，因此，捶丸很可能是在元代传入欧洲的。

法国著名的东方学者莱麦撒根据大量史料，考证出中国古代文化由蒙古人西征传入欧洲的种种事实。莱麦撒认为，蒙古人的西征，将以前闭塞的欧亚路途完全打开，在东学西渐大潮的冲击下，捶丸的入西可以说是水到渠成的事情，并不值得惊奇。

# 中国功夫威震八方

“卧似一张弓，站似一棵松，不动不摇坐如钟，走路一阵风。南拳和北腿，少林武当功，太极八卦连环掌，中华有神功。棍扫一大片，枪挑一条线，身轻好似云中燕，豪气冲云天。外练筋骨皮，内练一口气，刚柔并济不低头，心中有天地。”这首《中国功夫》，歌唱的就是我国的国粹之一——武术。

武术，两广人称为功夫，民国初期简称为国术，不仅是几千年来中国人民用以强身健体和自我防卫的一种方法，而且也是我国传统文化的重要组成部分，主要内容包括格斗技巧、兵器使用等实战技术，还有攻防策略等理论知识。

## 起源与发展

中国武术起源于远古祖先的生产劳动。人们在狩猎的生产活动中，逐渐积累了劈、砍、刺的技能，这些原始形态的攻防技能就是武术形成的基础。进入氏族社会后，部落之间经常发生战争，在战场上搏斗的经验，促进了武术的萌芽。

奴隶社会是武术的成形时期。夏朝建立后，经过连绵不断的战火，武术为了适应实战的需要进一步向实用化、规范化发展。商周时期，朝廷常常用“武舞”来训练士兵，鼓舞士气。这一时期还产生了太极学说，从此奠定了中国武术的体系。

春秋战国时，各诸侯国都很重视格斗技术在战场中的运用。齐桓公通过举行春秋两季的“角试”，来选拔天下英雄。在这段时期，剑的制造及剑道都得到了空前的发展。

秦汉时期，武术得到了进一步发展，角力、击剑，还有刀舞、力舞非常盛行。鸿门宴中的项庄舞剑，其形式就接近于今天武术的套路。同时，汉代枪的应用达到巅峰，各种枪法开始出现。在《汉书·艺文志》的“兵技巧”部分中，介绍武术和兵器的文章共有 199 篇，其中有“手搏六篇”“剑道三十八篇”“蒲苴子戈法四篇”等。这些都是中国最古老的武术著作，虽然都已亡佚，但可看出中国早在汉代，拳术、剑术等武术技巧就已用文字流传下来。

少林功夫

唐朝时开始实行武举制，对武术的发展起到了很大的促进作用。宋元时期，以民间结社的武艺组织为主体的民间练武活动蓬勃兴起。明清时期则是武术的大发展时期，流派林立，拳种纷显，形成了太极拳、形意拳、八卦拳等主要的拳种体系。

到了近代，武术逐步成为中国体育的有机组成部分。1927 年，在南京成立了中央国术馆；1936 年，中国武术队赴柏林奥运会参加表演。中华人民共和国成立后，武术更是得到了蓬勃的发展。

## 门派与分类

由于历史发展和地域分布关系，中国武术衍生出了许多门派。据统计，目前“脉络有序、自成体系”的武术门派约300 多个，这是由于我国幅员辽阔，环境、气候、人的体质的不同而造成的。北方人身材高大，气候寒冷，造成北派武术气势雄劲，大开大合；南方人身材矮小，气候温和，武术套路细腻，故有“南拳北腿”之说。当然这并不是绝对的，例如起源自北方的八卦掌就很少用腿攻击，而南方的咏春拳却有不少腿击技巧。

尽管门派众多，却没有统一的命名方法，有的按地区命名，如河南心意拳、四川梅花拳、杭州长拳、福建南拳等；有的按山脉命名，如武当派、峨眉派；有以宗师姓氏命名，如杨氏太极拳、咏春拳……

二指禅神功

武术的修炼，虽然各门派都不尽相同，但大体上都包括了基本功、套路、内功和外功。尤其是内功和外功，都被各派视为最重要的内容，素有“内练一口气，外练筋骨皮”的说法。

## 走向世界的中国功夫

中国武术是以技击为主要内容，以套路和搏斗为运动形式，注重内外兼修的传统体育项目，是中国人民长期积累起来的一项宝贵文化遗产。它讲究刚柔并济，形神兼备，既有刚健雄美的外形，更有典雅深邃的内涵，蕴含着先哲们对生命和宇宙的参悟。

我国香港武打明星李小龙为中国武术发展做出了巨大贡献。他主演的功夫片风行海外，中国武术也随之闻名世界。英文词典也收录了“Chinese Kung-Fu”（中国功夫）这个词组。在不少外国人的心目中，李小龙成了中国功夫的化身。

李小龙

20 世纪七八十年代，以金庸为代表的武侠作家，写出了一批脍炙人口的武侠小说，深受广大读者的欢迎，并由此掀起了一股武侠文化的热潮，对武术的发展也起到了巨大的推动作用。

1999 年，国际武联被吸收为国际奥委会的正式国际体育单项联合会成员，并在 2008 年北京奥运会上成为表演项目。中国武术，正一步步走向世界，为许多国家的人民群众所喜爱。

# 内外兼修的运动

现在最受中国人欢迎的拳术是哪一种？相信很多人都能回答出来——太极拳。据不完全统计，包括中国在内，全球150多个国家和地区练习太极拳者，目前已近3亿人。

## 太极拳的起源

太极拳综合了历代各家拳法，结合了古代的导引术和吐纳术，吸取了古典哲学和传统的中医理论，形成了一种内外兼修、柔和、缓慢、轻灵的拳术。

相传，太极拳是宋代武当派开山祖师张三丰所创，深得中国传统“易”文化和“道”文化精髓。明末清初时，太极拳由河南省温县陈家沟人陈王廷发扬光大，并在清代逐渐形成了陈式、杨式、孙式、吴式、武式、赵堡、武当等几大流派。我们目前所学习的太极拳，基本上是在杨式太极拳的基础上发展而来。

河北永年人杨露禅（1800～1873）酷爱武术，曾到陈家沟学习太极拳，师从陈长兴，学成后返回故里教习太极拳。因杨露禅能避开并制服强硬之力，当时人称他的拳为“沾绵拳”“软拳”“化拳”。

杨露禅去北京教拳，清朝的王公贵族多向他学习。他武技高超，当时人称“杨无敌”。清同治、光绪两代帝师翁同龢在观看杨露禅与人比武后，对大臣们说：“杨进退神速，虚实莫测，身似猿猴，手如运球，犹太极之浑圆一体也。”并为杨露禅亲题对联：“手捧太极震寰宇，胸怀绝技压群英。”

后来，杨露禅根据实践，不断发展已有拳架，又经其孙杨澄甫一再修订，遂定型为杨式大架太极拳。该拳法平正简易，成为现代最为流行的杨式太极拳。

## 以柔克刚，强身健体

太极拳与中国古代道教有着千丝万缕的联系。太极拳形架之源，与道教“禹步”极其相似，“禹步”是中国古老的养生术，为今天的八卦步、太极圆环步的雏形。

太极拳在技击上也别具一格，特点鲜明。它要求以静制动，以柔克刚，避实就虚，借力发力，主张一切从客观出发，随人则活，由己则滞。为此，太极拳特别讲究“听劲”，即要准确地感觉判断对方来势，以做出反应。当对方未发动前，自己不要冒进，可先以招法诱发对方，试其虚实，术语称为“引手”。一旦对方发动，自己要迅速抢在前面，“彼未动，己先动”“后发先至”，将对手引进，使其失重落空，或者分散转移对方力量，乘虚而入，全力还击。

陈式太极拳创始人陈王廷雕像

太极拳的这种技击原则，体现在推手训练和套路动作要领中，不仅可以训练人的反应能力、力量和速度等身体素质，而且在攻防格斗训练中也有十分重要的意义。

杨式太极拳创始人
——杨露禅

如今，太极拳的格斗作用已渐渐淡化，变为一种老少皆宜的健身运动。大量的研究表明，通过太极拳的练习，能够提升肌肉、关节韧带的韧性，增大肺活量，对呼吸系统疾病有良好的防治作用。

此外，太极拳还能促进心理健康。现代医学认为，消极的情绪容易致病，积极的情绪能防病延年。太极拳强调松静、自然，以意识指导动作，要求“意到身随”“内外相合”“身心皆修”，使人进入无虑、无我的闲适境地，消除心理疲劳，保持乐观向上的心态。如果再配上典雅优美的音乐，则会让人整个身心得到极大的享受。





## 简化太极拳

为了在广大群众中推广太极拳，1956 年，我国体育部门在杨式太极拳的基础上，删去繁难和重复的动作，选取 24 式，编成“简化太极拳”。1979 年又在杨式太极拳基础上，吸取其他各式太极拳之长，编成“48 式简化太极拳”，对太极拳的传播和普及起到了重要作用。

简化太极拳

如今，打太极拳的人遍及全国。卫生、教育、体育等部门都把太极拳列为重要项目来开展，出版了上百万册的太极拳书籍、挂图。

太极拳在国外也很受欢迎，欧美、东南亚、日本等国家和地区，都有太极拳活动。据不完全统计，仅美国就已有 30 多种太极拳书籍出版。许多国家还成立了太极拳协会等团体，积极与中国进行交流活动。作为具有鲜明民族特色的文化符号，太极拳已经走出了国门，成为一项世界性的健身运动。

# 降落伞：在空中起舞

降落伞是利用空气阻力，使人或物从空中缓慢向下降落的一种器具，它是从杂技表演开始发展起来的，随着人类航空事业的发展，后来用于空中救生，进而用于空降作战。

达·芬奇是意大利文艺复兴时期的天才，他留下的降落伞草图，被欧洲人认为是最具想象力的发明之一。其实，远在达·芬奇之前的1500年前，中国人已经发明了降落伞，并且在实际生活中成功地运用了它。

现代降落伞

史学家司马迁在《史记·五帝本纪》中写道："瞽叟尚复欲杀之，使舜上涂廪，瞽叟从下纵火焚廪。舜乃以两笠自扞而下，去，得不死。"故事的大意是，舜的父亲瞽叟想要杀他，发现他在谷仓顶上，就放火烧仓。但是舜把圆锥形的草帽系结在一起，拿着它从仓顶上跳下来，从而逃脱了火海。后来，《史记》的注释者司马贞在解释这件事情时，从降落伞原理上给了明确的解释。他说，正是那些草帽起到了鸟类翅膀的作用，使舜身轻如燕并把他安全带到了地面上。

从这个故事可以看出，中国人使用降落伞的时间至少可以追溯到公元前2世纪。在国外的一些军事书刊中，也会看到不少这样的评述："像火药一样，降落伞也是从中国传来的。"

南宋名将岳飞的孙子岳珂，曾在笔记中记载：广州有一座很高的清真寺，有一天人们突然发现清真寺塔顶的一只巨大的金鸡缺少一只腿，原来是被窃贼盗走了。后来案件破了，窃贼在供词中交代了他巧妙逃脱的过程——原来他拿着两把没有柄的雨伞跳下，风把伞吹开，雨伞起到了降落伞的作用，使他平稳落了地。

相传公元1306年前后，在元朝的一位皇帝登基大典中，宫廷里表演了这样一个节目：杂技艺人用纸质巨伞，从很高的墙上飞跃而下。由于利用了空气阻力的原理，艺人飘然落地，安全无恙，这可以说是最早的跳伞实践了。日本1944年出版的《落下伞》一书写到了这件事，书中介绍："由北京归来的法国传教士发现如下文献，1306年皇帝即位大典中，杂技师用纸做的大伞，从高墙上跳下来，表演给大臣看。"1977年出版的《美国百科全书》中也写道："一些证据表明，早在1306年，中国的杂技演员们便使用过类似降落伞的装置。"

这个跳伞杂技后来传到了东南亚的一些国家，不久又传到了欧洲。到17世纪，各种各样的跳伞杂技表演在欧洲各国盛行一时，伞也由纸质改成布质、绸质，形状由圆形改成多样形。18世纪末，里诺曼受中国杂技影响，利用两把雨伞从屋顶成功跳下，正式将此发明命名为降落伞，并一直沿用至今。

随着技术的不断进步，降落伞作为一种空中稳定减速器，已经变得越来越先进。在体育运动和军事领域，越来越受到人们的欢迎。

# 宇宙探究

# 司南：东西南北辨方向

## 指南车与司南





指南针也叫罗盘针，是我国古代利用磁石指极性制成的指南仪器。

我国最早使用指南针的传说，发生在4000多年以前。据说黄帝联合炎帝与蚩尤打仗时，由于发生大雾，黄、炎部的士兵们认不清方向，吃了败仗。后来，黄帝造出了一种指南车，能在雾中认清方向，终于打败了蚩尤所率的部落，成为中原地区的统治者。我们自称“炎黄子孙”，也就从此而来。

一个传说，不见得可信。指南针的发明应该建立在人们对磁现象的认识上。战国时的《韩非子》中，提到用磁石制成的司南。司南就是指南的意思，东汉思想家王充在其所著《论衡》中也有关于司南的记载。

司南由一把勺子和一个地盘组成，其中，这把勺子可不是一般的勺子，而是一整块磁石磨制的，非常光滑。圆圆的底部是它的重心，长柄用来指示磁场的方向。地盘是个铜质的方盘，中央有个光滑的圆槽，四周刻着格线和表示24个方位的文字。由于司南的底部和地盘的圆槽都很光滑，司南放进了地盘就能灵活地转动，在它静止下来的时候，磁石的指极性使长柄总是指向南

司南

方。这种仪器就是指南针的前身。由于当初使用司南必须配上地盘，所以后来指南针也叫罗盘针。

司南有几个缺点：第一，它采用的是天然磁石，这种磁石有一个缺点，那就是在敲击或受热的情况下容易失去磁性；第二，它比较笨重，不便携带，使用时必须要有光滑的铜盘；第三，司南所用磁石的磁性较弱，在和铜盘的接触中摩擦较大，故而所指的方位常出现偏差；第四，运用司南时一定要把铜盘放平，这点在海上很难做到。正因为司南有这些缺点，所以在航海中很难实际应用。

## 人造磁铁的诞生

早在西汉初年，人们就发明了人造磁体，汉代刘安的《淮南万毕术》中记载了这一发明：汉方士栾大为汉武帝表演斗棋，棋子是用人造磁体制成的。在斗棋过程中，各个棋子均具有两极，异性极相遇，则两棋子相吸；同性极相遇，则两棋子相斥。

随着对磁铁应用的不断增加，人们还发现了磁铁的一种性质：如果把磁铁加热到一定温度，它就会失去磁性，而高温的磁铁冷却后，又会重新获得磁性。不仅如此，人们还用加热的方法使铁获得磁性，指南鱼就是其中一种。

指南鱼，是一种磁性的铁片，磁化后把它浮在水上，就能指南北。北宋的曾公亮在《武经总要》一书中记载了制作和使用指南鱼的方法。简单地说，就是将铁烧红，让它保持南北方向，自然冷却或淬火后，它就会产生磁性，指向南北。这其实是一种人工磁化的方法，它利用地球的磁场使铁磁化。这一发明促进了磁学和地磁学的发展。

指南鱼

不仅如此，北宋时期，人们还学会了另一种人工磁化方法——磁铁磁化法。沈括在《梦溪笔谈》中提到，当时的人们用磁铁去磨针，针就具有了磁性。这是一种利用天然磁石的磁场作用，使钢针带有磁性的方法，这种磁化方法不仅简单，而且磁化的效果也比较好，是世界上最早的人工磁化方法。

人工磁化法发明以后，人们还发明了专门储存指南针的针盒。针盒不仅起到储存作用，还能够使磁针拥有足够的磁性，再也不怕指南针因失去磁性而失效。

现代指南针



指南针发明后，很快就被应用于航海。我国宋朝时期，就采用了这种仪器导航方法，并被阿拉伯海船采用，并经由阿拉伯人把这一伟大发明传到欧洲。中国人将指南针应用于航海，比欧洲人至少早 80 年。

指南针的发明和应用，是中国人民对世界文明发展与进步做出的杰出贡献之一。

# 有趣的立体地图

## 一

在军事题材的影视作品中，可以常常看到指挥员们站在一个地形模型前研究作战方案。这种用泥沙等材料堆制的地形模型，就是沙盘，它非常逼真，上面有高山、河流、村庄等地貌地物，完全根据地形图、航空照片或实地地形，按一定的比例关系制作而成的。

解放军战士在沙盘上排兵布阵

实际上，沙盘是一幅立体地图，最早由中国人发明的。它的出现，使具体的地形与设施显得更为直观，让人一目了然，难怪会成为军事家们必不可少的作战用具。

作为最早应用地图的国家，中国早在夏朝时就曾铸过9只大鼎，以刻九州的山川、河流等形势以及草木禽兽和物产图，这可能是中国最早的地图模型。遗憾的是，这 9 只大鼎在战国时期全被销毁，而就在战国末期，立体地图出现了。

## 二

据说，秦在部署灭六国时，秦始皇亲自堆制沙盘，研究各国地理形势。后来，秦始皇在修建陵墓时，在自己的墓中堆建了一个大型的地形模型。模型中不仅砌有高山、丘陵、城池等，而且还用水银模拟江河、大海，用机械装置使水银流动循环，可以说，这是最早的沙盘雏形，至今已有 2200 多年历史。对此，《史记》有明确的描述："以水银为百川江河大海，机相灌输，上具天文，下具地理。"虽然秦始皇陵至今尚未打开，但人们已在陵墓入口处发现了大量水银。人们推测，这些水银可能就是用来做立体地图的材料。

上海市区沙盘模型

南北朝时的范晔在《后汉书·马援传》中有过记载：汉建武八年（32），光武帝征伐天水、武都一带地方豪强势力时，大将马援"聚米为山谷，指画形势"，意思是用糯米粒做成一个类似今天沙盘的立体地图，上面的高山、河流、峡谷等地形清晰明了，敌情一览无余。光武帝看了，顿有"虏在吾目中矣"的感慨，觉得敌人的情况就好像陈列在自己的眼皮之下。这可能是有史料记载最早用于军事的立体地图。

## 三

到了宋代，诗人谢庄把立体地图的制作技术又向前推进了一大步，他用木材制作立体地图，使得地图可随时拆开、随时重合，更加便于携带。这有点像今天的"积木玩具"，可说这种木质地图是其先驱。

大科学家沈括也制作过立体地图，他外出契丹考察时，仔细观察了沿途地形，回来后，用面糊木屑制作了立体地图模型，并用蜡封，呈献给皇帝后，还受到了嘉奖。后来，黄裳、朱熹等学者也对立体地图十分感兴趣，用黏土、木材制作过许多地图。

电脑3D立体地图

罗大经在《鹤林玉露》里记载了朱熹制作立体地形图的情况：“（朱熹）尝欲以木作华夷图，刻山水凹凸之势。合木八片为之。以雌雄榫镶入，可以折。度一人之力可以负之。每出则以自随，后竟未能成。”

制作立体地图的方法先由中国传向阿拉伯，随后传入欧洲。直到1510年，保罗·多克斯制作了欧洲最早的地形图，绘出了奥地利的库夫施泰因的邻近地区，这比中国足足晚了1700年。

# 候风地动仪：倾听大地的声音

候风地动仪

中国是一个地震灾害频发的国家，许多世纪以来，几乎所有的大地震在中国历史上都有记载。在古代，地震带来的巨大灾难不仅让生灵涂炭，而且还会引发抢粮、劫掠等事件，造成社会动荡。如果官府赈灾不力，往往还会导致百姓揭竿而起，威胁到朝廷的统治。因此，及时掌握地震的动态，对朝廷而言是一件重要的事情。

在信息传播速度非常低下的年代，靠什么来快速获得地震消息呢？这就要靠地动仪了。我国东汉时期科学家张衡发明的候风地动仪，是世界上最早的地动仪，它的出现开启了人类对地震科学研究的先河。

张衡所处的时代，地震比较频繁。据《后汉书·五行志》记载，自和帝永元四年（92）到安帝延光四年（125）的30多年间，共发生了26次大的地震。地震范围有时波及几十个郡，引起江河泛滥，房屋倒塌，给当时的人民生命财产造成了巨大的损失。为了掌握全国地震动态，张衡经过长年研究，终于在阳嘉元年（132），发明出了世界上第一架地动仪——候风地动仪。

据《后汉书·张衡传》记载，候风地动仪“以精铜铸成，圆径八尺”“形似酒樽”，上有隆起的圆盖，仪器的外表刻有篆文以及山、龟、鸟、兽等图形。仪器的内部中央有一根铜质“都柱”，柱旁有八条通道，称为“八道”，还有巧妙的机关。仪体外部周围有八条龙，按东、南、西、北、东南、东北、西南、西北等八方排列。每个龙嘴里都衔有一个铜球，内部和仪表体内的机关相连。每只龙头的下方，都有一只蟾蜍蹲在地上，昂头张嘴，神态逼真。

当某个地方发生地震时，地动仪便随之运动，触动机关，发生地震方向的龙头就会张开嘴，吐出铜球，落到铜蟾蜍的嘴里，发出很大的声响，人们就可以知道哪里发生地震了。

地动仪是一个神奇的发明，不过它诞生之后，人们一直对它的作用将信将疑。直到公元139年，仪器西边方向龙嘴里的铜球掉了下来，说明京城西方发生了地震。几天后，陇西果然有人到洛阳报信，说那里发生了强烈地震。这件事，证明了地动仪的准确性和可靠性。随后，人们对张衡的猜疑和责难平息了，地动仪的神奇便迅速传播开来。

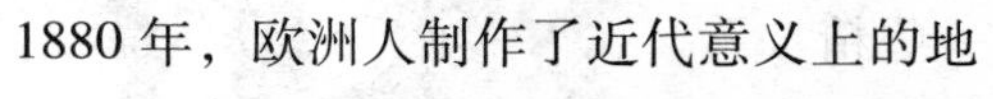

张衡

1880年，欧洲人制作了近代意义上的地震仪，它的原理和张衡地动仪基本相似，但在时间上却比张衡的候风地动仪晚了1700多年。

候风地动仪的问世，揭开了人类预知自然灾害的序幕。它是人类发明史上的重要成果之一，也是中华民族对世界物质文明做出的又一重大贡献。

# 浑天仪：天文学家的好助手

自古以来，人类一直喜欢观察天象，并创立了古天文学。要准确观察天象，就要借助一些工具，就像现在观察太空需要天文望远镜，观察病菌需要显微镜一样。在从古至今的天文仪器中，有一种仪器的出现具有划时代的意义，甚至在今天，它的原理依然被广泛采用，这就是赤道式浑天仪。





## 浑天仪的诞生

浑天仪又叫天象仪，是浑仪和浑象的合称。浑仪是我国古代观察天体视运动的一种仪器，而浑象是古代用来演示天象的仪表。

在古代，人们模仿肉眼所能看到的天球形状，制成多个同心圆的大型金属环，并刻有一些精确度数，这种看起来像球状的东西，就是“浑仪”。可以明显看出的是，浑仪有一个金属环代表赤道，有一个金属环代表后来所称的子午线。

浑天仪

公元前52年，西汉天文学家和数学家耿寿昌制造了我国第一架浑天仪，这也是世界上最早的浑天仪——仪器的球面上，绘有表示赤道的大圆圈。到公元84年时，天文学家傅安和贾逵在耿寿昌基础上，增加了第二个金属环表示黄道。后来，东汉的天文学家张衡增加了表示子午线和地平线的两个环，并在球面上绘了太阳、月亮、二十八星宿，从而可以很好地演示太阳、月亮及星星的东升西落现象。这可以算是真正意义上的浑天仪了。

公元132年，张衡又在前人的基础上，创制成了“水运浑天仪”，这也使得他的浑天说有了实践的依据。这架仪器由一个恒压水头驱动一个水轮，带动仪器缓行，能够很完美地演示日月星辰的运行。

继张衡后，三国时吴国的葛衡、南北朝时的陶弘景等人，也先后制作过水运浑天仪。北宋时的张思训还用水银代替水作动力，从而克服夏季水流快、冬季水流慢的毛病。

到了唐贞观七年（633），李淳风增加了三级仪，把两重环改为三重仪，成为一架比较完备的浑仪，称为“浑天黄道仪”。唐朝以后所造的浑仪，基本上都仿制于李淳风的浑仪，只是圆环或零部件有所增减而已。

## 小巧精密的简仪

随着浑仪环数的增加，观测时遮蔽的天区愈来愈多，使用起来越来越不方便。为了解决这个问题，我国元代天文学家郭守敬对结构繁复的唐宋浑仪加以简化，在1276年发明了测量天体位置的简单仪器，称为“简仪”。

简仪

简仪的主要装置是由两个互相垂直的大圆环组成，其中的一个环面平行于地球赤道面，叫作“赤道环”；另一个是直立在赤道环中心的双环，能绕一根金属轴转动，叫做“赤经双环”。双环中间夹着一根装有十字丝装置的窥管，相当于单镜筒望远镜，能绕赤经双环的中心转动。观测时，将窥管对准某颗待测星，然后在赤道环和赤经双环的刻度盘上直接读出这颗星星的位置值。有两个支架托着正南北方向的金属轴，支撑着整个观测装置，使这个装置保持着北高南低的形状。

简仪的设计和制造都比较精密，刻度的最小分格达到 1/36 度，观测效果比浑仪准确多了。它的发明，是我国仪器制造史上的一次大飞跃。直到 1598 年，丹麦天文学家第谷才发明了与之类似的仪器。

英国著名的科技史专家李约瑟博士在《中国科学技术史》赞叹说，欧洲人看作是文艺复兴后天文学主要进步之一的赤道仪，中国人在 3 个世纪以前就已经使用了。

郭守敬

简仪对后世的天文仪器影响甚大。现代化天文台大望远镜的赤道装置，尤其是英国式的，就像是从简仪脱胎而来。近代工程测量、地形测量和实用天文测量所用的经纬仪，其方位角和仰角的地平装置，跟简仪属于同一类型。航空导航用的天文罗盘，构造也和简仪类似。可以说，简仪就是所有这些近代仪器的原始形态。

可惜的是，郭守敬创制的简仪，于清代康熙年间竟被当时在钦天监任职的法国传教士纪理安当作废铜熔化了。今天，在南京紫金山天文台保存的简仪，是明代正统二年到七年间的复制品。

# 八卦图中的奥秘

## ——二进位制和十进位制的演变

### 八卦图与二进位制

“无极生太极，太极生两仪，两仪生四象，四象生八卦，八卦生六十四卦”，这是《易经》中八卦图给人最基础的概念。在今天的人看来，这概念中其实隐藏着一个重大的信息，那就是二进制。也就是说，任何数都能用1和0的不同种组合表示出来。

远古时代，伏羲，这位发明八卦图的老祖先，也许并没有意识到图中所蕴含的科学意义，但后来的德国哲学家和数学家莱布尼茨却从中一眼悟出奥妙，由此产生灵感，创造了二进位制。自此以后，伏羲这个原本只有中国人熟悉的名字迅速为世界所知。特别是在计算机、互联网迈入寻常百姓家时，人们才真实地感受到二进制的奇妙。

魅力无穷的阴阳八卦图

莱布尼茨

莱布尼茨与《易经》真可说是“一见钟情”。一次偶然的机会，他把《易经》的符号翻译成了二进制数字，即“阴爻”用0表示，“阳爻”用“1”表示，结果让他大感惊讶，他在给好友白晋的信中写道：“我发现二进制数是 20 年前。到了今天，我才发现，中国人在 4000 年前，已经了解到 0 与 1 的二元数学。”

1703 年，白晋（1655～1730）从中国传教回来，给莱布尼茨带了一份礼物，这就是《六十四卦次序图》和《六十四卦方位图》。莱布尼兹认真研究了这两张易图，他惊奇地发现，《易经》的图像中竟然包含了从 0 到 63 的二进位数字！按照这两个图，坤相当于 000000、剥相当于 000001、比相当于 000010、观相当于 000011、豫相当于 000100……莱布尼兹成功地排出了先天八卦和先天六十四卦的二进位制数。

此后，莱布尼兹在他的余年，一直继续与白晋详细讨论他们的发现。

如果我们把莱布尼兹的发现排列出来，就会看到八卦与现代二进制数、十进制数互换如下：

| 坤 | 艮 | 坎 | 巽 | 震 | 离 | 兑 | 乾 |
|---|---|---|---|---|---|---|---|
| 000 | 001 | 010 | 011 | 100 | 101 | 110 | 111 |
| 0 | 1 | 2 | 3 | 4 | 5 | 6 | 7 |

总之，《易经》中包含着各个方面的科学思想，有着极高的价值，在此，只是略举其一罢了。

## 十进位制的演变

我们在日常生活和学习中常用的十进位制，也是中国人的伟大发明。

“逢十进一位，逢百进两位，逢千进三位”，这种以十为基数的进位制，是世界各国最常用的记数方法，已经成为当今数学的基础。它的发明，可以毫不夸张地说，是人类从古至今最伟大的发明之一。

考古证明，最晚在商周之际，中国的计数法已遵循了十进制。在公元前 3 世纪左右的战国时期，中国人已经熟练掌握了十进制算筹计数法，它与现在世界上通用的十进制计数法没有任何差别。

中国古代有两个同音的算字，一个是我们现在常用的“算”字，表示数据计算；另一个“算”表示的是作为算筹的小竹棍，后来演变为至今仍在使用的算盘。当时的十进制计数法，就是在以上两个“算”字基础之上的各种运算，它比当时古巴比伦、古埃及和古希腊采用的计算方法都要先进。

利用十进位制计数法，中国古代数学家完成了实数体系的建立，能够任意地逼近实数，对数学这门学科的发展做出了很大贡献。另外，中国古代数学的计算还可以逼近无理数，甚至于开平方。

印度也是世界上较早使用十进制的国家，但比起中国至少晚了1000年。直到6世纪，印度对10的倍数如20、30、40等数字，仍用特殊的记号表示。现在通用的1、2、3等所谓的“印度-阿拉伯数码”，大概在11世纪才传到欧洲。

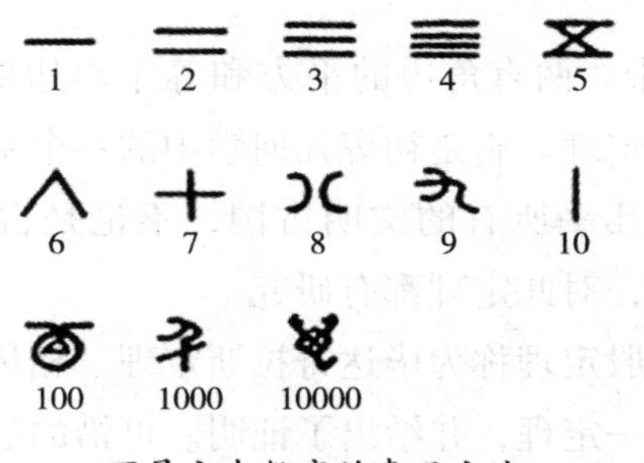


甲骨文中数字的表示方法

在欧洲，法国是使用十进制最早的国家。1799年，法国政府提出了采用十进制度量衡单位的规定。1840年开始在全国普遍使用十进制。比起中国来，晚了至少2000年。

十进制是人类社会发展史上划时代的标志，是人类文明史上的重要成果之一，也是中华民族对世界文明做出的重大贡献。正如李约瑟博士所说：“如果没有这种十进位制，就几乎不可能出现我们现在这个统一化的世界了。”马克思甚至认为，在数学史上，古代中国发明并完善的“十进位制”这一计数法，是对人类文化的巨大贡献，足以与他们的“四大发明”相媲美。

如今计算机上普遍采用的二进位制，似乎让人感觉又回到最原始的计数方法了。或许将来会有一天，随着我们的需要和计算方法的改变，一个新的系统将会替代我们现有的十进位制和二进位制。

# 发现勾股定理





## 一

“直角三角形中，两直角边的平方和等于斜边的平方”，这就是人们通常所说的勾股定理。它是初等几何学中的一个基本定理，有着十分悠久的历史，可说几乎所有的文明古国，不论是古希腊、埃及、巴比伦、印度还是中国，对此定理都有研究。

西方一般将勾股定理称为毕达哥拉斯定理。相传公元前550年，毕达哥拉斯发现了这一定理，并给出了证明。可惜的是，他的证明方法早已失传，现知最早的证明方法出自欧几里得的巨著《几何原理》。

相比于公元前550年的毕达哥拉斯，中国人早就发现了勾股定理。据成书于公元前1世纪的中国第一部数学著作《周髀算经》记载，早在大禹治水时期，中国就发现了勾股定理的特例“勾三股四弦五”了。

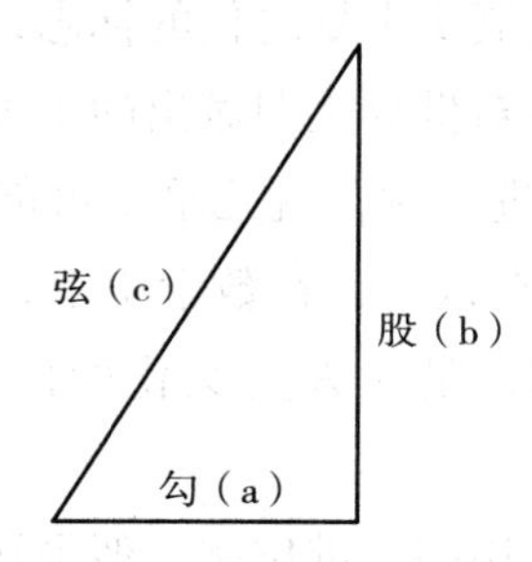


直角三角形的两边分别是勾和股

## 二

《周髀算经》的开头有这样一则趣闻——

周公问商高："我听说商大夫您对数学非常精通，想请教古代度量天地的方法：天没有梯子可以登上去，地也没法用尺子去丈量，如何才能得到关于天地的准确数据呢？"

商高回答说："数的产生来源于人们对方和圆这些形体的认识。圆形出自于方形，方形又属于矩形，矩形出自九九八十一种变法，如果直角三角形的勾边为三，股边为四，那么斜边一定就是五，这个道理在大禹治水时就总结出来了，这也就是数的由来。"

这段文字说明，我国古代人民至少在西周初年就已经发现并应用勾股定理这一重要的数学原理了，正因如此，我国也将勾股定理称为商高定理。

如果说我国古代人民发现"勾三股四弦五"还只是勾股定理的一个特例，不具有代表性的话，那么到公元1世纪时，勾股定理的一般形式已被发现。据成书于东汉初年的《九章算术》一书的《勾股章》记载：勾的自乘加上股的自乘，它们的和进行开平方，就可以得到弦。用数学式表达为：$弦=\sqrt{勾^2+股^2}$，即现代数学的表达方式：$c=\sqrt{a^2+b^2}$。

## 三

中国古代的数学家们并不满足于发现并应用勾股定理，他们很早就在尝试对这一定理进行证明。最早做出合理证明的是三国时东吴人赵爽。他创制了一幅"勾股圆方图"，用形数结合的方法，给出了勾股定理的详细证明。

在这幅"勾股圆方图"中，以弦为边长得到正方形ABDE是由4个相等的直角三角形再加上中间的那个小正方形组成的。每个直角三角形的面积为ab/2；中间的小正方形边为b-a，则面积为$(b-a)^2$。于是便可得如下的式子：$4\times(ab/2)+(b-a)^2=c^2$。化简后便可得：$a^2+b^2=c^2$。

亦即：$c=\sqrt{a^2+b^2}$。

赵爽的这个证明可谓别具匠心，极富创新意识。他用几何图形的截、割、拼、补来证明代数式之间的恒等关系，既具严密性，又具直观性，为中国古代以形证数、形数统一，代数和几何紧密结合、互不可分的独特风格树立了一个典范。以后的数学家大多继承了这一风格并且有所发展。例如稍后一点的刘徽在证明勾股定理时，也是用的以形证数的方法，只是具体图形的分合移补略有不同而已。

中国古代数学家们对于勾股定理的发现和证明，在世界数学史上具有独特的贡献和地位。尤其是其中体现出来的“形数统一”的思想方法，更具有科学创新的重大意义。正如当代中国数学家吴文俊所说：“17 世纪笛卡儿解析几何的发明，正是中国这种传统思想与方法在几百年停顿后的重现与继续。”

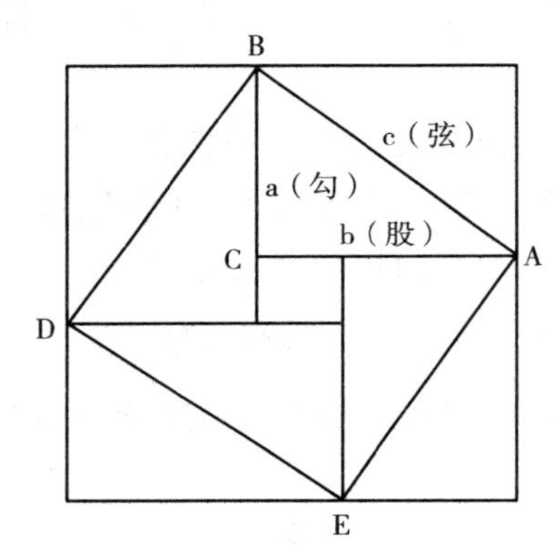


赵爽发明的“勾股圆方图”

# 让 π 更加精确

## 数学界的千年难题

在古代，圆一直被认为是世界上最简单最完美的形状，以至直到发现开普勒第一定律之前，人们普遍认为行星以及所有天体的运行轨迹是标准圆周。尽管有些科学家也推算出行星的运行轨道与标准圆周不相符，但是固有的思维定式也会将他们的计算往标准圆周上引。这足以见证古人对圆的偏爱。





圆形是如此完美，如此招人喜爱，可是要准确计算它的周长和面积却是一件烦恼的事。不过细心的人们很早就发现，无论圆的面积怎样变化，它的周长和直径的比总是保持不变，这个不变的比率就是困惑人们几千年的圆周率——π。

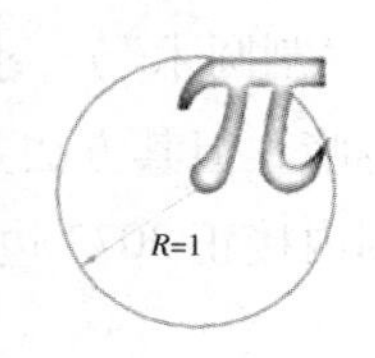


从有文字记载开始，圆周率作为一个非常重要的常数，它的精确值一直是许多学者既感兴趣又迫切想要解决的问题，毕竟它在生产生活中的用途太大了。

为了求出圆周率的精确值，几千年来，中外的数学家们为此耗费了大量的心血。而对 π 的研究，也在一定程度上反映这个地区或时代的数学水平。正如德国数学史学家康托所说："历史上一个国家所算得的圆周率的准确程度，可以作为衡量这个国家当时数学发展水平的指标。"直到 19 世纪初，求圆周率的值仍然是数学中的头号难题。

# 中国数学家的贡献

在求圆周率的精确值上，中国在相当长的时间内一直遥遥领先，这也从一个侧面反映古代中国的数学处于世界领先水平。

早在公元前1世纪的数学著作《周髀算经》里，就有“周三径一”的记载，得出了圆周率是3的结论。我国古代木工师傅曾流传这样一句口诀：“周三径一，方五斜七。”其意说，直径为一的圆，周长大约是三；边长为五的正方形，对角线之长约为七。

汉朝时，张衡得出π的平方除以16等于5/8，即π等于10的开方（约为3.162）。虽然这个值不太准确，但它简单易理解，所以也在亚洲风行了一阵。到了东汉时，官方明文规定圆周率取三为计算面积的标准。后人一般将圆周率为三称为“古率”。三国时期的数学家王蕃（228～266）发现了另一个圆周率值，这就是3.156，但没有人知道他是如何求出来的。



魏晋时，刘徽曾用使正多边形的边数逐渐增加去逼近圆周的方法（即“割圆术”），求得π的近似值3.1416。割圆术虽然比阿基米德提出得晚，但其方法要简洁得多，据说他从圆的正192边形开始，一直推算到内接正3072边形才得出这一精确值。

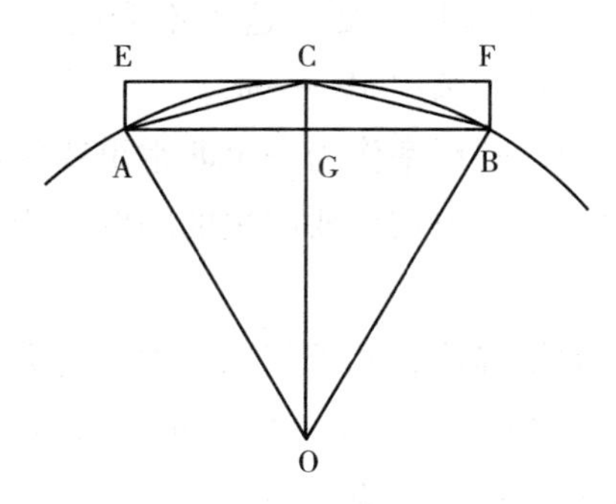


割圆术，即不断利用勾股定理，来计算$n$边形的边长

在割圆术中，刘徽已经认识到了现代数学中的极限概念。他所创立的割圆术，是探求圆周率数值的过程中的重大突破。后人为纪念刘徽的这一功绩，把他求得的圆周率数值称为“徽率”或称“徽术”。

刘徽以后，探求圆周率有成就的学者，先后有南朝时代的何承天、皮延宗等人。何承天求得的圆周率数值为3.1428，皮延宗求出圆周率值为22/7≈3.14。

上述科学家都为圆周率的研究做出了很大贡献，可是和祖冲之比起来，就逊色多了。

## 领先世界900年

祖冲之出生于南北朝时期的宋朝，自小对自然科学、文学、哲学有广泛的兴趣。早在青年时期，他就有了博学多才的名声，并且被政府派到当时的一个学术研究机关——华林学省做研究工作。

公元461年，祖冲之任南徐州刺史府里的从事。464年，宋朝政府调他到娄县（今江苏昆山市东北）作县令。在这一段时期，祖冲之虽然生活很不安定，但是仍然继续坚持学术研究，并且取得了很大的成就。祖冲之的治学态度非常严谨，尽管他十分重视古人研究的成果，但又决不迷信。用他自己的话来说，就是：决不“虚推（盲目崇拜）古人”，而要“搜拣古今（从大量的古今著作中吸取精华）”。

祖冲之认为，自秦汉以至魏晋的数百年中，研究圆周率成绩最大的学者是刘徽，但并未达到精确的程度，他下决心深入钻研，去探求更精确的数值。

经过不懈的努力，祖冲之在世界数学史上第一次将圆周率的值计算到小数点后7位，即3.1415926到3.1415927之间。这使中国在圆周率的求解方面跃居世界之首，且保持世界纪录达900多年。这一纪录直到15世纪才由阿拉伯数学家卡西打破。

为了便于记忆，祖冲之还给出得到π的两个近似分数即：约率为22/7，密率为355/113。这一密率值是世界上最早提出的，比欧洲早1100年，所以有人主张叫它“祖率”，也就是圆周率的祖先。

## 享誉世界的数学家

现在数学家们普遍认为，祖冲之也是采用刘徽的割圆术推算圆周率的。如果真是如此，祖冲之需要经过 11 次倍边过程，求得圆内接正 12288 边形和 24576 边形的面积才能得出，其工作量，就是依靠现代计算机计算也是一件较繁重的工作，可想他的艰辛了。

祖冲之是否还使用了其他的巧妙办法来简化计算呢？这已经不得而知，因为记载其研究成果的著作《缀术》早已失传了。这在中国数学发展史上是一件令人痛惜的事。

祖冲之

祖冲之的这一研究成果，给他带来了世界声誉：祖冲之入选世界纪录协会，成为世界上第一位将圆周率值精确到小数第七位的科学家；巴黎“发现宫”科学博物馆的墙壁上著文介绍了祖冲之求得的圆周率；莫斯科大学礼堂的走廊上，镶嵌有祖冲之的大理石塑像；月球上有以祖冲之命名的环形山……

# 负数：并非胡说八道

## 诞生在2000年前

人们在生活中经常会遇到各种相反意义的量。比如，在记账时有余有亏；在计算粮仓存米时，有时要记进粮食，有时要记出粮食。为了方便，人们就考虑用相反意义的数来表示，于是引入了正负数概念，把余钱、进粮食记为正，把亏钱、出粮食记为负。可见，正负数是生产实践中产生的。

古人在计算的时候，常常用一些小竹棍来表示各种数字，这些小竹棍叫作“算筹”。据史料记载，早在2000多年前，我国就有了正负数的概念，掌握了正负数的运算法则。

我国古代著名的数学专著《九章算术》（成书于公元1世纪的西汉时期），最早提出了正负数加减法的法则：“正负数曰，同名相除，异名相益，正无入负之，负无入正之；其异名相除，同名相益，正无入正之，负无入负之。”

三国时期的数学家刘徽

用现在的话说就是：“正负数的加减法则是：同符号两数相减，等于其绝对值相减，异号两数相减，等于其绝对值相加。零减正数得负数，零减负数得正数。异号两数相加，等于其绝对值相减，同号两数相加，等于其绝对值相加。零加正数等于正数，零加负数等于负数。”

这段关于正负数的运算法则的叙述是完全正确的，与现在的法则完全一致。负数的引入，是中国数学家杰出的贡献之一。

## 不断完善的负数理论

在建立负数的概念上，三国时期的学者刘徽有重大贡献。刘徽首先给出了正负数的定义，他说：“今两算得失相反，要令正负以名之。”意思是说，在计算过程中遇到具有相反意义的量，要用正数和负数来区分它们。

刘徽第一次给出了区分正负数的方法。他说：“正算赤，负算黑；否则以斜正为异。”意思是说，用红色的小棍摆出的数表示正数，用黑色的小棍摆出的数表示负数；也可以用斜摆的小棍表示负数，用正摆的小棍表示正数。

到了南宋，许多数学著作都提出了负数及其运算方法。如秦九韶的《数术九章》，记载了高次方程的根结果“时常为负”；杨辉则在《详解九章算术》一书中，更加明确了正负数及加减法的关系。

世界上第一个将正负数作为专门研究课题的人，是元代数学家朱世杰。他在《算术启蒙》一书中，不仅总结了正负数的加减法则，还提出了正负数的乘法法则。

## 并非胡说八道

相比于中国，国外对负数的认识晚得多。公元630年，印度大数学家婆罗摩笈多已开始使用负数了，不过这也比中国晚了700多年。

西方第一次关于负数的记载，出现在古希腊数学家丢番图的著作中。他在解一个方程时，偶然用到了负数，不过他的伟大发现被欧洲人认为是“荒诞无稽的东西”而遭废弃。据说法国数学天才帕斯卡居然认为0减去4纯属胡说八道。他的好友阿尔南德也压根不认同$-1/1=1/$

-1。就是有“符号代数学之父”美誉的韦达，尽管创造了许多优美的数学符号，但对负数，他完全抵制。

负数真正被西方数学家们接受，却是近代的事。欧洲第一部关于负数的专著，出现在文艺复兴时期。著名数学家卡尔达诺在《大法》一书中，介绍了他在解方程过程中遇到的负数问题，并简单归纳了负数的定义及运算法则。他还将负数根称为“虚构的根”，并把负数称为“负债”。自此，负数才引起欧洲学者的重视。不久，英国数学家哈略特、荷兰数学家吉拉德等人开始用“-”表示负数。负数从此获得了数学界的认可。

# 算盘：资历最老的计算器

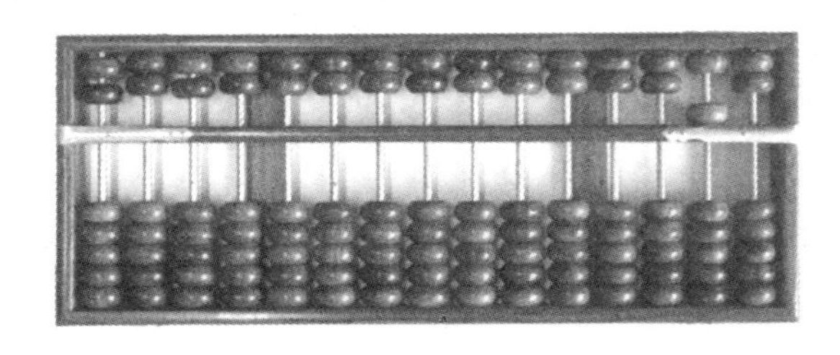

在电子计算器盛行的今天，我们已经很少能见到算盘这种古老的计算工具了。然而，直到上个世纪末，它仍然在我国的经济领域和日常生活中发挥着重要作用。

## 隶首造算盘

中国是算盘的故乡，因此人们往往把它与中国古代四大发明相提并论，认为算盘也是中华民族对人类的一大贡献。然而，中国是什么时候开始有算盘的呢？这个问题直到今天仍是众说纷纭。根据民间传说，算盘是由黄帝手下一名叫隶首的人发明创造的。

黄帝统一部落后，先民们整天打鱼狩猎，制衣冠，造舟车，生产蒸蒸日上。物质越来越多，算账、管账成为家常便饭。人们开始用结绳记事、刻木为号的办法，处理日常账目。有一次，狩猎能手于则交回 7 只山羊，保管猎物的石头只承认交回 1 只，于则一查实物，还是 7 只。为啥只记 1 只呢？原来石头把 7 听成 1，在草绳上只打了一个结。又有一次，黄帝的孙女黑英替嫘祖领到 9 张虎皮，石头在草绳上只打了 6 个结，缺少了 3 张。由于进进出出的实物数目越来越乱，虚报冒领的事也经常发生，黄帝为此大为恼火。

一天，黄帝宫里的隶首上山采野果，发现一树熟透的山桃。他爬上树边摘边吃，突然发现扔在地上的山桃核非常好看。他一个个从地上捡起来，正好20个。他想：这10个桃核好比10张虎皮，另10个好比10只山羊皮。今后，谁交回多少猎物，就发给他们多少山桃核；谁领走多少猎物，就给谁记几个山桃核，这样账目就清清楚楚了。

隶首回到宫里，把自己的想法告诉黄帝。黄帝觉得很有道理，就命隶首管理一切财物账目。隶首担任了黄帝的总“会计师”后，到河滩捡回很多不同颜色的石头片，每种颜色都代表一种猎物，分别放进陶瓷盘子里，这下记账再也不怕混乱了。

谁料好景不长，隶首有次外出办事，一群顽童闯了进来，看见许多盘子里都放着彩色石片，觉得好奇，就争抢起来。一不小心把盘子弄到地上打碎了，石头片全散了，账目又乱了。

隶首只好蹲在地上一个个往回拾，他的妻子花女走过来，用指头把隶首头一指说：“好笨蛋哩！你给石片上穿一个眼，用绳子串起来多保险！”隶首茅塞顿开，他给每块石片都打上眼，用细绳逐个穿起来。每穿到第10个和第100个，就在中间穿一个不同颜色的石片，这样计起数来就省事多了。

随着生产不断发展，宫中获得的各种猎物、皮张越来越多，不能老用穿石片来记账目了。隶首经过冥思苦想，终于又想出了一个好办法。他制作了一个大泥盘子，把人们从龟肚子挖出的白色珍珠捡回来，在每颗中间打了眼，每10颗一穿，穿成100个数的“算盘”。然后在上边写清位数，如十位、百位、千位、万位。从此，计数、算账再也用不着那么多的石片了。这个大泥盘子就是算盘的前身，在5000年前就这样诞生了。

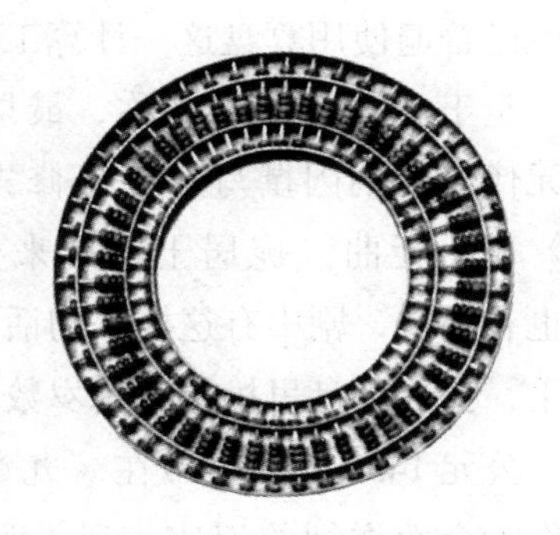
圆形算盘

这种新奇方便的计数方法，使当时繁杂、混乱的账务管理一下子变得简洁、明了。我国许多农村至今还在使用的斗、升、尺、寸等中国式计量单位，据说也是隶首一手创制的。

随着时代不断前进，算盘不断得到改进，成为今天的“珠算”。特别是民间，当初认字的人不多，但是只要懂得了算盘的基本原理和操作规程，人人都会应用。所以，算盘能在中国民间很快得到广泛流传和应用。

## 算盘的演变

隶首发明算盘，毕竟只是一种民间传说，没有现实的依据。不过根据现有的资料考证，我国最早在汉代就已经使用算盘了。东汉数学著作《数术记遗》中，曾有对算盘的描述：“珠算控带四时，经纬三才。”尽管形制与现在有所不同，但中梁以上一珠当五，中梁以下各珠当一，则与现代完全相同。

1274 年，杨辉在《乘除通变算宝》里，记载了有关算盘的“九归除法”。1299 年，朱世杰在《算学启蒙》里也对“九归除法”做了细致的描述。可见，早在北宋或南宋以前，我国就已普遍使用算盘这一计算工具了。

明代数学家程大位是珠算和卷尺的发明者，有“珠算之父”“卷尺之父”的美称

至于“算盘”的名称，最早出现于元代学者刘因撰写的《静修先生文集》里。元曲《庞居士误放来生债》里也有提及，剧中有这样一句话：“闲着手，去那算盘里拨了我的岁数。”

公元 1450 年，吴敬在《九章详注比类算法大全》里，对算盘的用法作了全面详细的记述。到了明代，珠算发展到了顶峰。1593 年，明代数学家程大位所著《算法统宗》面世。这是一部以珠算应用为主的算书，全书共 17 卷，载有算盘图式和珠算口诀，并首次提到了用算盘做开平方和开立方的运算。

由于珠算口诀便于记忆，运用又简单方便，后来陆续被传到了日本、朝鲜、印度、美国、东南亚等国家和地区，对世界文明做出了重要的贡献。

虽然现在已经进入了电子计算机时代，但是古老的算盘依然有用武之地，特别是在对青少年进行计算能力的培训中，珠算是最好的方法之一。除了运算方便以外，还有锻炼思维能力的作用，因为打算盘需要脑、眼、手的密切配合，是锻炼大脑的一种好方法。

# 漏刻：与时间为伴

“露湿晴花春殿香，月明歌吹在昭阳。似将海水添宫漏，共滴长门一夜长。”唐代诗人李益的七言绝句《宫怨》，用夸张的笔法，描写了一位失宠的不眠人的寂寞与愁怨，没有露重沁芬的花香，没有扣人心弦的乐曲，甚至没有明月，有的是滴不完、流不尽的漏水，和漫漫长夜，好像那壶漏里的水有海水那么多。

作为一种计时工具，漏刻的使用比日晷、圭表普遍得多，它那声声入耳的滴水声，使得古代诸多文人骚客为之动容，写下许多富有诗情画意的句章，它成了一种遣不尽的愁怨的化身。





## 精巧的计时装置

在机械钟传入中国之前，漏刻是我国使用最普遍的一种计时器。它克服了圭表和日晷需要用太阳的影子计算时间，而在阴雨天或夜晚无法用的弱点，成为人类第一种全天候的计时工具。

漏刻的发明源于人们发现陶器中的水会从裂缝中一滴一滴沁出。据此，人们仿制了一种留有小孔的漏壶，注入水后，水就会从孔中漏出来。然后用另一个容器收集漏下的水，在这一容器内放一标有时间刻度的箭杆，箭杆上附有一个竹片或木块，能随水上浮或下沉，这套容器叫作“箭壶”。漏刻是漏壶和箭壶的合称。当箭壶收集的水慢慢增多，木块会托着箭杆上浮，古人从容器盖处就可以看到箭杆的标志，知晓具体的时间。

漏刻模型

漏刻是一种典型的等时计时装置，计时的准确度取决于水流的均匀程度。早期漏刻大多使用单只漏壶，滴水速度受到壶中液位高度的影响，液位高，滴水速度较快，液位低，滴水速度较慢。为解决这一问题，聪明的古人进一步创制出多级漏刻装置。所谓多级漏刻，即使用多只漏壶，上下依次串联成为一组，每只漏壶都依次向其下一只漏壶中滴水。对最下端的受水壶来说，其上方的一只泄水壶因为有同样速率的来水补充，壶内液位基本保持恒定，其自身的滴水速度也就能保持均匀。

## 不断改进的漏刻

传说漏刻早在黄帝时代就产生了。最早的漏刻没有箭壶，是把箭杆直接插在漏壶里，随水位下降，退到哪一刻度，就可以大致知道什么时刻。这种方法也叫淹箭法。后来，人们在箭杆上拴一木块，随漏壶水位下降，木块会带着箭杆下降，这就是沉箭法。再后来，人们发明了前面提到的箭壶，即浮箭法。

很显然，淹箭法、沉箭法和后来的浮箭法，都是人们为了准确计时而对漏刻进行的改进。为了使漏壶里的水更均匀地流入箭壶中，人们还用两个甚至多个漏壶，通过几级补水，使最后一级漏壶的水位基本保持不变，由它滴入箭壶的水滴速度就十分均匀了。

浮箭法在汉代就出现了，到了北宋时期，古人又发明了分水壶。公元1030年，燕肃制造了莲花漏，第一次用虹吸原理使漏壶水位保持一致。元代的郭守敬改进了莲花漏，创制了一架自动报时的七宝灯漏。可惜，他的发明没能保存下来。

## 博物馆的传世珍品

今天保存在中国历史博物馆的一套漏壶装置，是郭守敬逝世那年，即1316年制造的。它有三个漏壶三级漏刻。除了作为平水壶的第三壶的底部有个漏孔以外，上面还有个排水口。当流入该壶的水过多时，就会从排水口流出，从而保持了平水壶的水位不变，使水稳定地漏到受水壶里。

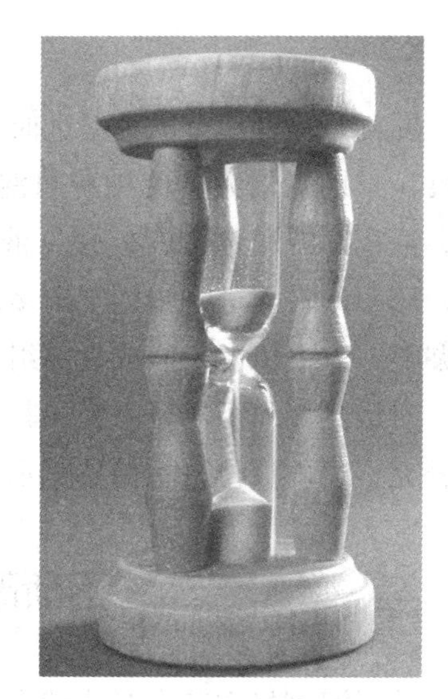
沙漏也是古老的计时工具

现存于北京故宫博物院的铜壶漏刻，是1745年制造的。最上面漏壶的水从雕刻精致的龙口流出，依次流向下壶，箭壶盖上有个铜人仿佛抱着箭杆，箭杆上刻有96格，每格为15分钟，人们根据铜人手握箭杆处的标志来报告时间。

中国古代还出现过一些与漏刻结构原理类似的计时工具，如以称量水重来计量时间的称漏和以沙代水的沙漏等。但中国历史上使用时间最长、应用最广的计时装置还是漏刻。

# 数学与音乐的完美结合

一曲优美的钢琴曲，往往让听众如痴如醉。可是你知道吗，就在这动听的旋律里面，还包含着许多科学原理，其中不乏重大的发现呢。

十二平均律就是音乐史上的伟大发明。它也叫十二等程律，把一个音阶分为 12 个相等的半音，使各相邻两律间的频率比都是相等的，故称十二平均律。

## 懂数学的音乐家

早在西周初期，我国音乐家就在一个音阶中确定 12 个律了。不过，真正用科学方法加以计算并推广的，是明代音乐理论家和数学家朱载堉。

朱载堉（1536～1610），字伯勤，号句曲山人，是明仁宗后裔、郑恭王朱厚烷之子。他不重爵位，潜心学术研究，著述宏富。万历十二年（1584），他写成《律学新说》，提出了十二平均律的理论，被广泛应用在世界各国的键盘乐器上，包括钢琴，故朱载堉被誉为“钢琴理论的鼻祖”。

朱载堉雕像

朱载堉用横跨 81 档的特大算盘，进行开平方、开立方的计算，提出了“异径管说”，并以此为据，设计并制造出弦准和律管。朱载堉的“十二平均律”使这 12 个键的每相邻两键音律的增幅或减幅相等。对这个音乐领域遗留了 1000 多年的学术难题，朱载堉经过几十年的潜心研究，终于以他的十二平均律之说解决了。

十二平均律一经出现，世界上有十之八九的乐器发音和理论标准都是参照十二平均律的。比如说被称为“乐器之王”的钢琴，就是依据十二平均律的原理发明的。

或许音乐上的这种专业词汇让我们费解，那么让我们量化一下：到今天，世界上十有八九的乐器定音，都是在十二平均律的基础上完成的，它被今天的西方普遍认为是“标准调音”“标准的西方音律”。

17 世纪，朱载堉研究出的十二平均律的关键数据——“根号 2 开 12 次方”被传教士通过丝绸之路带到了西方，约翰·塞巴斯蒂安·巴赫（1685～1750）根据它制造出了世界上第一架钢琴。如果把巴赫称为钢琴之父的话，朱载堉便可以称为钢琴之祖了。

## 十二平均律的重大意义

如果没有十二平均律，帕瓦罗蒂的《我的太阳》就没法演唱，因为此曲里面有转两个八度的音。我国著名的律学专家黄翔鹏先生说：“十二平均律不是一个单项的科研成果，而是涉及古代计量科学、数学、物理学中的音乐声学，纵贯中国乐律学史，旁及天文历算并密切相关于音乐艺术实践的、博大精深的成果。”

十二平均律是音乐学和音乐物理学的一大革命，也是世界科学史上的一大发明。在中国古代音律学发展过程中，如何能够实现乐曲演奏中的旋宫转调，历代都有学者孜孜不倦进行探索，但是迄朱载堉时无人登上成功的峰顶，只有朱载堉彻底解决了这一问题。

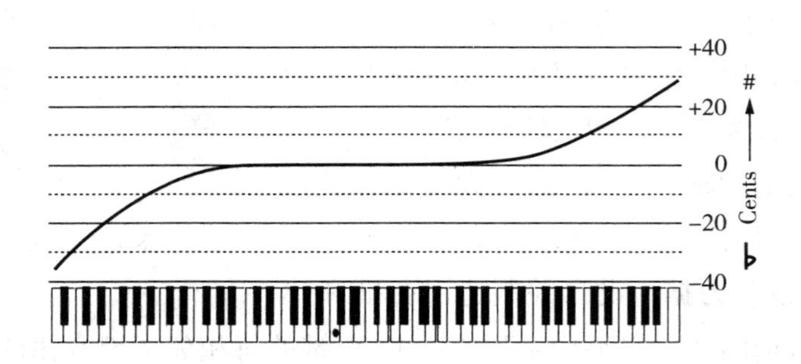


钢琴调律

为创建十二平均律，需要解决围绕这一难题的一系列学术课题，首先要找到计算十二平均律的数学方法。朱载堉应用自制的 81 档双排大算盘，开平方、开立方求出十二平均律的参数，详尽程度超过我国古代的数学专著，计算结果精确程度达 25 位有效数字。

台湾学者陈万鼐先生说："开方的方法既非朱载堉所发明，精于打算盘也无所谓学术价值，但他开方开到有效数字达 25 位数，恐怕自古以来的数学家，也只有他是唯一最精确而有耐心的人。"

## 弦准的发明

朱载堉不仅是伟大的科学家和音乐家，而且还是乐器制造家，他不满足于因循守旧，敢于向历代相传的律制理论提出疑问，另立新说，以实事求是的态度进行研究，精心制作出了世界上第一架定音乐器——弦准，把十二平均律的理论推广到音乐实践中。朱载堉还制作了 36 支铜制律管，每管表示一律。在他的著作中对每律的选材、制作方法、吹奏要求都有详细的说明，数据极其精密。

现代电吉他弦准

比利时布鲁塞尔乐器博物馆馆长马容经过一二十年的研究，复制了其中的两支律管，他说："这样伟大的发明，只有聪明的中国人才能做到。"德国物理学家赫尔姆霍茨这么评价朱载堉："在中国人中，据说有一个王子叫朱载堉的，他在旧派音乐家的大反对中，倡导七声音阶。把八度分成 12 个半音以及变调的方法，也是这个有天才和技巧的国家发明的。"